大连理工大学人文与社会科学学部学术著作出版资助项目

U0569598

专利引文分析的理论与实践

The Theory and
Practice of Patent Citation Analysis

杨中楷　梁永霞○著

科学出版社

北　京

图书在版编目（CIP）数据

专利引文分析的理论与实践 / 杨中楷，梁永霞著. —北京：科学出版社，2017.9
ISBN 978-7-03-054368-4

Ⅰ. ①专⋯　Ⅱ. ①杨⋯　②梁⋯　Ⅲ. ①专利-引文分析-研究
Ⅳ. ①G306.0

中国版本图书馆 CIP 数据核字（2017）第 218918 号

责任编辑：邹　聪　陈会迎 / 责任校对：韩　杨
责任印制：张欣秀 / 封面设计：有道文化
联系电话：010-64035853
电子邮箱：houjunlin@mail.sciencep.com

科学出版社 出版
北京东黄城根北街 16 号
邮政编码：100717
http://www.sciencep.com
北京虎彩文化传播有限公司 印刷
科学出版社发行　各地新华书店经销
*
2017 年 9 月第 一 版　开本：720×1000　B5
2018 年 2 月第二次印刷　印张：13 1/4　插页：2
字数：210 000
定价：68.00 元
（如有印装质量问题，我社负责调换）

序

2000 年前后,由我的博士生导师刘则渊教授牵头,大连理工大学科学学与科技管理研究所开始重点推进科学计量学研究。在经历了开创期的诸多困难之后,刘老师带领着年轻的教师和博士生们在科学计量学的道路上不断前进,取得了令业界瞩目的科研业绩。2005 年,刘老师与大连理工大学海天学者特聘教授克雷奇默博士一起创办 WISE 实验室。WISE 是网络计量学(webometrics)、信息计量学(informetrics)、科学计量学(scientometrics)和经济计量学(econometrics)的缩写。WISE 实验室一经成立,便在国内科学计量学界崭露头角,也吸引了国际学术界的关注,逐渐成为全球科学计量学研究的重要基地。2007 年,美国德雷塞尔大学教授、CiteSpace 软件的创始人陈超美受聘长江学者讲座教授,带来了信息可视化和知识可视化的新思想,大连理工大学的科学计量学研究也因此再上新台阶。

大连理工大学科学计量学研究产生重大变革的历史时期,正是我从一名博士生转变为一名青年教师的过渡时期,也是我个人研究方向从模糊不定到清晰明确的关键时期。在做博士学位论文的时候,作为对科学计量学研究的拓展,我选择了专利计量作为选题方向。在研究过程中,我借鉴科学计量学的研究方法,利用海量专利文献开展研究,做了一些专利计量方面的开创性工作。我也注重利用一些可视化工具软件,推进专利计量的可视化研究,在专利引文分析及其可视化方面取得了一些进展和突破。博士毕业留校任教之后,我遵从刘老师的建议,继续开展专利计量和专利引文研究,发表了一系列学术论文。其中,2010 年发表在《科研管理》上的论文《专利引用过程中的知识活动探析》被中国科学技术信息研究所遴选为 F5000 项目入选论文。2011 年发表在《科学学研究》上的论文《基于专利引文网络的技术轨道识别研究——以太阳能光伏电池板领域为例》被多次引用，成为技术轨道识别研究的重要论文之一。

在此期间，我指导了两名硕士研究生从事专利引文分析研究。硕士生刘倩楠的学位论文《基于专利引文网络的技术演进路径识别研究》较早地运用专利引文网络进行了技术演进路径研究，是国内专利引文网络研究的开创研究之一。硕士生于霜的学位论文《基于专利引文网络的空间关系可视化研究》利用百万数量级的专利引文数据，刻画了基于专利引文的地理单位和技术领域的空间联系，同样是国内专利引文网络研究的开创研究。我的硕士生沈露威、刘佳、黄颖、徐梦真、韩爽等虽然没有将专利引文分析作为学位论文选题，但也在此领域做出了非常优秀的研究成果，获得了校内外各种学术荣誉。

在从事专利计量和专利引文分析研究的过程中，我发现当前专利引文分析方法和应用研究较多，但与专利引文分析基础和机理相关的研究较少。基于此，我认为应该从源头出发，理顺专利引文分析的研究脉络，构建从理论、方法到实践的知识全链条。此想法得到了《中国科技期刊研究》编辑部主任梁永霞博士的响应。梁博士既是我的师妹，也是我多年的学术合作伙伴，在她的博士学位论文《引文分析学的知识计量研究》中，已经将专利引文分析作为引文分析学的一个分支进行重点考察。我们尝试以刘老师提出的知识流动过程中知识的扩散和重组理论为基调，再结合我个人和我的学生们的专利引文分析的应用研究成果，对专利引文分析进行了专门的、系统的论述。经过数月的文字工作，终于能够呈现给读者们这部专注于专利引文分析的作品。

本书本着从一般性到特殊性、从普遍性到个别性的原则，分 6 章对专利引文分析的基本概念、理论和方法体系进行较为系统的阐述。第 1 章主要阐述引文分析的基本理论问题，重点阐述知识流动理论这一贯穿引文分析始终的重要理论基础。第 2 章则基于知识流动理论阐述专利引文分析的相关概念，分析专利引文网络中知识活动的基本原理，提出专利引文分析的研究框架。第 1 章和第 2 章属于理论研究范畴，目的是为后面的实证研究奠定基础。第 3 章和第 4 章利用海量专利引文数据，分别揭示地理空间和技术空间中的知识流动情况，形象地展现专利引文分析对知识扩散轨迹的追踪作用。第 5 章基于专利进化树的原理提供一种识别专利引文网络中技术演化轨道的方法，生动简洁地展示出复杂引文网络中的技术进化过程，并用两个案例进行验证。第 6 章呈现专利引文分析用于定量评价的一面，利用一系列专利引文相关指标对技术发展的特征进行测度与展示。

在本书编写和出版过程中，我的在读研究生高霞、王雪莹、侍晓宇、刘倍言、孙昕和准研究生苏英协助做了不少工作，在此表示感谢。同时要感谢科学出版社科学人文分社的侯俊琳分社长、邹聪编辑为本书出版付出的辛勤努力，也要感谢大连理工大学人文与社会科学学部为本书出版提供的经费支持。

虽然目前国内专门研究专利引文分析的著作较少，但是关于专利计量研究的成果已不在少数。作者中不但有邱均平教授、黄鲁成教授等知名专家，也有文庭孝教授、王贤文教授等青年才俊。希望能够通过本书的出版，就教于业内同行，也希望借此抛砖引玉，为推动我国专利计量研究领域的发展略尽微薄之力。

杨中楷

2017 年 8 月于大连理工大学科技园

目　录

彩图

第1章 引文分析的基本理论问题

1.1 引文分析的相关概念

引文分析（citation analysis），是一种对文献引证与被引证关系进行分析的活动和方法，也是包含对引文关系进行分析的原理、方法、应用在内的一门学科。引文分析是基于文献间的联系而产生的一种分析方法。具体来说，文献体系中文献之间并不是孤立的，而是相互联系的。文献的相互关系突出地表现在文献的相互引用方面。一篇文献在编写过程中一般都需要参考有关文献。在文献发表时，作者往往采用尾注或脚注等形式列出其"参考文献"或"引用书目"。一个"引文"是指一篇参考文献，进行引用的是引用（citing）文献，接受引用的是被引（cited）文献。普赖斯在论及引证及被引证关系时提出：每一篇被引文献，对于引证者（文献作者）来说，就是有了一篇参考文献，而对于被引证者来说，则是有了一篇引证文献（引文）。

一篇文献既可以是施引文献，也可以是被引文献。我们谈到引文时，可以站在两个角度：一是站在施引文献的角度，那么引文就是其参考文献；二是站在被引文献的角度，引文就是其本身。引文是有方向的，施引文献的时间一般比引文要晚，不可能倒过来引用。

文献在被引时，不一定是全部内容被引，因此，可以把一篇文献中被引的部分称为知识单元，那么知识单元就有生产单元和储存单元之分。如果文献 A 中含有使用并描述文献 B 的书目注释，那么文献 A 就含有文献 B 的参考文献，而文献 B 具有来自文献 A 的引文。在上述的过程中，A 被称为引用文献，而 B 被称为被引用文献。按照期刊间引用关系的概念——知识生产单元和知识存储单元（Zinkhan and Leigh，1999），我们也称 A 为知识存储单元，B 为知识生产单元（埃格希和鲁索，1992）。知识从 B 流向 A，如图 1.1 所示，意味着引用是个动态的过程。

图 1.1　引用过程对应的概念

当引文网络中的文献不是很多（少于几百个）时，用一张引文图就可以形象地表达文献之间的引用关系。箭头从代表 d_i 的一端指向代表 d_j 的一端时，来自某一馆藏的文献就形成一张有向图，这张图就称为"引文图"或"引文网络"（图 1.2）。

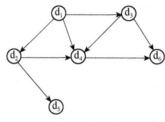

图 1.2　引文图

利用引文图表达引文关系的一个优点是比较明晰、清楚，引文关系一目了然。但是，如果引文图中涉及的文献很多（数百个以上），那么图形就变得相当复杂，很难分析出关系的结构，这是引文图的一个缺点。在这种情况下，最好利用矩阵方法来表达关系网络（尹丽春，2006），引文分析方法也真正有了用武之地。

引用过程是单个的、个体的，是慢慢积累起来的，而引文分析的过程包括对引用过程及海量数据的分析。引文网络是一个知识生产和传播的复杂系统，个人和单个文献的作用在网络中已经逐步淡化，仅仅依赖于同行评议和单纯地分析个体文献无法真实地反映整个网络的状态。只有通过数学手段将网络的整体结构绘制出来，人们才可能从全局着手做出全面而正确的判断。超大规模引文网络的形成迫切需要科学工作者提出有效的手段对其进行研究（尹丽春，2006）。

总的来说，引文分析就是利用各种数学及统计学的方法进行比较、归纳、抽象、概括等的逻辑方法，对科学期刊、文献、著者等分析对象的引用和被引用现象进行分析，以揭示其数量特征和内在规律的一种信息计量研究方法（邱均平，2007）。

关于引文分析，有两个概念不得不提。首先是凯斯勒在 1963 年提出了文献耦合（bibliographic coupling）的概念。文献耦合是指引证文献通过其参考文献（被引证文献）建立的耦合关系。具体来说，如果 A 和 B 两篇文献共同引证了一篇或多篇参考文献，或者说它们有一篇或多篇同样的参考文献，则称 A 和 B 两篇文献具有引文上的耦合关系。

另一个对应的概念是文献共引（bibliographic co-citation），也称同引、同被引、共被引，是由美国的斯莫尔和俄罗斯的玛莎科娃在 1973 年分别独立提出来的，就是指两篇或多篇文献同时被后来的一篇或多篇文献所引证，则称这两篇文献（被引证文献）具有“同被引”关系。图 1.3（a）展示了 A、B 两个文献同时被文献 a 引用的状况，图 1.3（b）则展示出 A、B 两篇文献同时引用文献 a 的情况。

图 1.3　文献的共引与耦合

1.2　引文分析的整体发展脉络

科学知识可视化图谱是在信息技术的推动下发展出来的一个新领域，当前已经成为科学计量学的一个新热点。陈悦和刘则渊（2005）认为科学知识图谱是显示科学知识的发展进程与结构关系的一种图形，它是揭示科学知识及其活动规律的科学计量学从数学表达转向图形表达的产物，是显示科学知识地理分布的知识地图转向以图谱展现知识结构关系与演进规律的结果。为揭示引文分析领域的历史图景，选取 CiteSpace 绘制了引文分析领域演进知识图谱，从而清晰地看出引文分析学形成和发展的脉络及演进趋势。

　　研究所用的数据来源于美国科学情报研究所创建的 Web of Science 数据库。以"citation analysis"为检索词在科学引文索引（Science Citation Index，SCI）和社会科学引文索引（Social Sciences Citation Index，SSCI）中联合检索了 1974~2008 年的文献记录。在数据下载的过程中，我们选择"Article"，共检索到 1906 篇文献，其中共包含引文 65 426 条。对得到数据的引文进行整理和标准化，力图使引文数据准确。

　　利用 CiteSpace 软件，输入题录数据，选择"cluster"分析，同时设置阈值为(3, 2, 15)、(4, 3, 19)、(4, 3, 20)，网络节点选为参考文献（reference），来源选为文献标题（title）、摘要（abstract）、关键词（descriptor）和标识符（identifiers），术语选择为无（none），修剪（pruning）项选择最小生成树（minimum spanning tree）、修剪分段的网络（pruning sliced networks）、修剪混合网络（pruning merged the network）得到引文分析的发展趋势网络，其中共有节点 86 个，连线 114 条（图 1.4）。

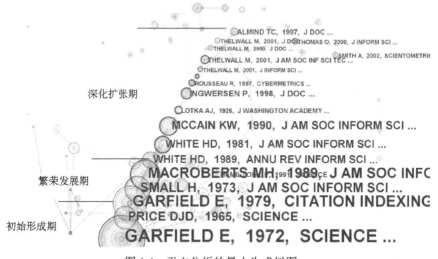

图 1.4　引文分析的最小生成树图

　　由图 1.4 可以看到，引文分析领域大致可以分为三个时期：初始形成期、繁荣发展期、深化扩张期。初始形成期中可看出关键人物有加菲尔德和普赖斯，他们二人开创了引文分析的先河，是引文分析学的奠基人。发展繁荣期中的重要人物有斯莫尔和麦克罗伯特，他们二人发展了引文分析，其中斯莫尔提出了著名的共引理论和方法，而麦克罗伯特则思考了引文分析存在的问题。从 20 世纪 80 年代起，引文分析进入了深化扩张期。在共引理论的基础上，引文分析的可视化有了较大的发展，重要的人物有怀特、麦肯恩和陈超美等。90 年代中后期，随着互联网的快速发展，网络引文分析也成为引文分析的热点，其代表人物有英格沃森、塞沃尔与鲁索等。当然，由于阈值的设置，这张图谱只能大致反映引文分析领域最重要的人物和著作。

　　为了能够更加形象化地展示引文分析领域的形成和发展，更加清楚地看到引文分析发展的脉络，仍旧利用 CiteSpace 软件，输入题录数据，选择"cluster"分析，同时设置阈值为（3, 2, 15）、（4, 3, 20）、（3, 3, 20），网络节点选为参考文献（reference），来源选为文献标题（title）、摘要（abstract）、关键词（descriptor）和标识符（identifiers），术语选择为无（none），修剪（pruning）项选择最小生成树（minimum spanning tree）、修剪分段的网络（pruning sliced networks）、修剪混合网络（pruning merged the network），并且利用 time-zone，得到引文分析的演进网络，其中共有节点 202 个，连线 2033 条（图 1.5）。

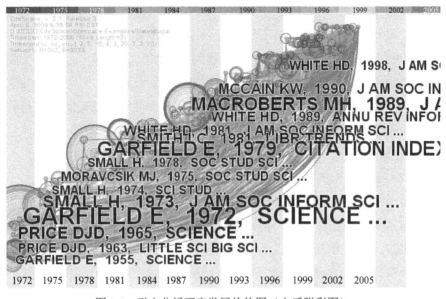

图 1.5　引文分析研究发展趋势图（文后附彩图）

由图 1.5 可以清楚地看到引文分析的发展脉络及更多的代表人物。我们可以看到加菲尔德和普赖斯都对引文分析学的理论做出了开创性的工作。因此，可以把他们的理论和方法认为是引文分析学的奠基时期的重要贡献。在加菲尔德和普赖斯关于科学引文网络的思想的基础上，著名科学计量学家斯莫尔也为引文分析的进一步发展做出了不可磨灭的贡献。共引分析也是引文分析独特的分析方法，迄今为止，共引分析仍旧是引文分析的主流方法。

通过对引文分析领域发展的研究和梳理，可以看到引文分析领域的发展有以下的规律。

（1）引文分析成为科学计量学、文献计量学的范式

库恩（2003）指出，"常规科学"是指严格根据一种或多种已有科学成就所进行的科学研究，某一科学共同体承认这些成就就是一定时期内进一步开展活动的基础。研究工作可以明明白白地从一套规则中引出来，但范式却比任何一套这样的规则都要更为优先、更为适合、更加完整。"一种成就"构成了范式。自从加菲尔德、普赖斯、斯莫尔等的著作出版后，这些著作的成就足以空前地把一批坚定的拥护者吸引过来，使他们不再去进行科学活动中各种形式的竞争。同时，这种成就又足以毫无限制地为一批重新组合起来的科学工作者留下各种有待解决的问题。凡是具备这两个特点的科学成就，此后被库恩称为"规范"。在科学计量学、文献计量学领域，引文分析成为科学工作者的主要研究范式。科学的新发现或者新发明对于研究者来说并不是刚开始就全部能够被接受的，也需要一个不断适应和成长的过程。引文分析这个领域的发展也不是一帆风顺的，是不断解答质疑者、不断改进，从而完善和成熟起来的。

（2）引文分析的发展受到了新技术的促进

每个学科的发展都是在吸取其他学科的精华的过程中成长起来的。科学与技术也是互相促进的，一个新技术的发展会引起相关科学领域的巨大进步，引文分析领域也不例外。在引文分析发展的三个时期，第一是加菲尔德吸取了谢泼德的引文的理念和技术，才促成了引文索引法的诞生，弥补了主题索引法的不足，能够更加准确快速地找到研究者所需的文献。第二就是计算机技术的大发展为引文分析的可视化提供了很好

的土壤和平台，从过去的手工绘图发展为机器绘图。第三就是互联网的兴起和发展，促进了知识的快速流动，也为海量的数据库提供了可能，为引文分析提供了绝好的网络环境，能够更加及时地发现引用关系。同时互联网的出现对引文分析研究从方法和内容上都提出了新的挑战，传统的引文分析能否和网络计量无缝连接，这是对引文分析领域研究者的新考验。

刘则渊等（2008）在《科学知识图谱：方法与应用》一书的导言中，明确指出："从普赖斯、加菲尔德到斯莫尔，已确立起日臻完备的引文分析理论与方法，构成科学计量学的基础与主流，在一定意义上也可以说在科学计量学中已形成一门成熟的分支学科——引文分析学。"引文分析学是以文献、信息、科学、技术、网络等领域的引证和被引证关系为对象，以引文之间知识联系与流动过程为基础，运用数学、社会学、心理学、图形学、计算机学等现代方法和手段，研究引文活动的规律及其应用的一门交叉学科。引文分析学与文献计量学、科学计量学、信息计量学、网络计量学、知识计量学等有密切的关系，其共同基础都是知识流动理论。

1.3　引文过程中的知识流动理论

1.3.1　知识流动理论的历史源流

波普尔在《客观知识——一个进化论的研究》一书中明确提出科学知识增长图式："P1→TT→EE→P2"，即"问题→试探性理论→排除错误→新问题"。科学知识的增长过程，就是各种不同的假说（理论）互相竞争、自然选择的过程，这一过程与生物进化的过程十分相似。波普尔区分三个适应层次：遗传适应、适应性行为学习和科学发现。他认为一切进化都含有一种基本的承袭结构，它在不同的领域表现为有机体的基因结构、基本行为形式和公认的理论（周超，2004）。波普尔（2005）的世界 3 理论主要致力于为世界 3 的客观性、自主性和实在性作辩护。他一再强调，客观知识是由说出、写出、印出的各种陈述组成的，如科学知识是由问题、问题境况、假说、科学理论、论据等组成的。客观知识包括思想内容及语言所表述的理论内容，它们出现在杂志、书本、图书馆等一定的环境之中。知识的客观意义可与蜜蜂酿的蜜相类比。人在适应自然界的过程中，获得知识是最主动的，也许甚至比获取食物还主动。自然界的任何信息都不会自行从环境中流入人的头脑中，人只有像寻求食物一样主动地探索自然界并从中汲取信息，才能从自然界获得有用的信息。在波普尔看来，对科学知识积累最有意义的事件是证伪旧理论，而不是证实新理论（赵敦华，2006）。

库恩提出的科学知识进化的"范式"模式认为科学知识依照"前科学（没有范式）→常规科学（建立范式）→科学革命（范式动摇）→新常规科学（建立新范式）"的知识增长模式或者简单地是按范式→范式的过程进化，与波普尔模式有着不同的侧重点。他指出了问题（即反常、危机）在知识进化中的航标作用。"危机的意义就在于，它可以指示更换工具的时机已经到来"（库恩，2003），危机给科学家带来了批判精神和创造精神，各种竞争的理论层出不穷，经历了百家争鸣的新范式选择后，一切危机都随着新范式的出现及其被接受而宣告结束，从而确立了新的常规科学。波普尔的模式侧重于从知识创造过程→思维过程的角度讨论科学知识的进化，而库恩模式则主要是从思维结果→科学理论的互相更替来谈科学知识进化的。因此，它们之间不应该互相对峙而是互补的。

实际上，知识本身就隐含了创新的特质，著名的物理学家、科学学创始人之一贝尔纳（1982）曾指出："科学远远不仅是许多已知的事实、定律和理论的总汇，而是许多新事实、新定律和新理论的继续不断的发见。它所批评的，以及常常摧毁的东西，同它所建造的东西一样多。"由此可见，科学知识的进化是一个对旧的科学观念的否定的过程，它必然导致科学理论的焕然一新，必然要伴随自然观、方法论和思维方式的全面变革。

迄今为止，人们对知识进化的研究成果，形成了不同的学说和模式，归纳起来主要有："证伪主义模式"（拉卡托斯，1986）、"历史主义模式"（施良方，1994）、"研究纲领模式"（拉卡托斯，1986）、"信息加工论"（施良方，1994）、"仿生物进化论"[包括"自然选择论"、"知识基因论"（刘植惠，1999）] 等。这些知识进化学说和模式都是基于文献的知识的进化，或者说这些进化学说和模式的建立都离不开文献。

1.3.2　引文分析中知识流动的基本观点

1）知识进化的显著特征是知识的继承的"遗传"性和发展的"变异"性。继承是知识进化发展的基础，发展是知识进化的标志和目的。显然，这种"继承"和"发展"都离不开对文献的利用（马恒通，2005）。文本中的客观知识成为人脑中有用的新知识，即主观知识。主观知识再客观化于某一物质载体上，就成为文献，从而进入社会的公共知识、客观知识体系中，使原有文献中的客观知识得到继承和发展，实现了知识的进化（马恒通，2004）。

知识基因、知识 DNA、知识细胞和知识体系是知识遗传与变异的结构要素（许志强，1990）。变异的知识再客观到某种载体上就进入社会，再经真实性和有用性的检验取得社会承认后，以形成的新的知识形态进入社会知识体系中，从而使社会客观知识得到进化。总之，人的知识结构对外来的文献知识信息经过吸附、同化、选择、建构，形成知识基因、知识 DNA、知识细胞和知识体系，并实现客观化的过程，就是知识的遗传、继承与变异发展运动。

2）知识的流动实质上是一些思想在不同的知识主体之间的运动，科学技术知识流动的成因是，知识的进化和知识势差、区位势差。知识的进化是一个自然选择的过程，自然选择的结果就是优胜劣汰。只有那些优秀的知识才能流传和保留下来。也就是优秀的知识有自身的优越性，即比其他知识有优势，就是知识优势。知识优势是在知识流动过程中一条知识链相对于另一条知识链所表现出来的优势。知识优势包括知识存量优势和知识流量优势。知识优势来源于知识链在成员已有知识基础上的知识流动过程中的知识共享和知识创造（张睿鹏，2005）。

科学技术知识流动会形成聚集和扩散效应。科学技术知识流动过程中形成的聚集现象可以用"马太效应"来解释。聚集就是形成相对固定的知识群，从而形成相对固定的学术共同体，以及一些相对固定的研究者，成为相对固定的学术流派，形成学术研究的范式，有固定的学术领域，成为一门新学科，或者成为经典的文献。

3）由于知识的载体不同，知识流动会形成不同的网络，主要有知识主体之间的网络、人为主体的网络、团队知识网络、知识与知识之间的网络及多种类型的节点或关系构成的知识网络等（张睿鹏，2005）。本节的网络主要是知识与知识之间的网络，其节点一般为知识的载体，如作者、期刊、引文等，边为知识之间的引用关系或共引关系等。

在知识的流动过程中，一个节点既可以是知识的供给者，也可以是知识的接受者。随着时间的推移，各个节点所拥有的知识水平也在不断地发生变化，在某一时刻一个节点是另一个节点的知识需求者，在下一时刻很可能这个节点就成为另一节点的知识供给者。伴随着知识的流动，专有知识完成了向公共知识的转化，隐性知识完成了向显性知识的转化。这整个过程是一个动态变化的过程，具体来说，也就是知识公共化和知识显性化的过程（陶勇，2007）。

4）文献是知识的承载体，引用则是知识发生了流动，引用的过程是文献发生联系的过程。每篇文献都包含知识，是知识的承载体。这个承载体中的知识，既可以从别的文献中来，同时也可能流向别的文献，因此，此文献既能是被引文文献，也能是施引文献。在引文分析中，必须分清楚角度，分析一篇文献，既能分析其被引了多少次，也能分析其引用了多少篇文献，不管是引用还是被引，都说明知识发生了流动，都说明其与引用和被引文献都有联系。也就是说，文献间引用形式上存在的联系，表明文献间在内容上必然存在某种联系。即如果文献集合 A 中的 a_i 引用了文献集合 B 中的文献 b_j，则可认为文献 a_i 与文献 b_j 在内容上必然存在联系。

5）知识流动可以量化。既然知识可以流动，那么知识流动了多少？如何计量知识的流入和流出？若引用形式一样，则文献间内容联系的程度一样，对于每种内容间的联系均可定义相应的计量单位。加菲尔德给出了简单的被引频次的指标。被引频次是最简单的指标。不管真实知识流动了多少，都按次计算，如果被引频次高，则说明知识流出的多，也说明被引文献的质量比较高。普赖斯也提出了点出度、点入度的概念，说明知识流动可以量化。

1.3.3　知识流动的现实过程

研究者们通过对以前研究者知识的继承，发展出了新的知识，他们发展出来的知识又被以后的研究者们吸收，从而创造出更新的知识，这样知识在研究者之间相互流动，形成了知识的链接和网络，形成了我们现代的科学体系。因此，创造知识—形成现有知识—新的创造—知识增长（吸收—创造—扩散）的知识流动过程进行分析很有意义。引文分析就是对知识流动的分析。从观念联系与知识流动的角度来探讨引文分析理论，除去那些复杂的引用动机、复杂的社会过程，可以把引用的过程抽象到知识流动的过程，这样会对研究引用过程的量化提供好的理论基础，就可以看出知识发展的模式和知识是如何进化的。

1. 简单引用过程

达尔文提出的生物进化论，强调生物进化建立在遗传、变异和选择三种机制的基础之上。波普尔的世界 3 理论认为知识进化是一个自然选择的过程，是知识流动优胜劣汰的过程，这个过程可以通过文献的引用过程来说明。引文的产生是单个个人采集知识、编码知识、生产知识、创造新知识的过程，同时这个过程也是知识从一篇文章流动到另一篇文章的过程，这个过程包括寻找知识、吸取知识、理性批判知识，最后生产出新的知识。

1）知识的选择，也是知识的采集与获取的过程。从知识的累积性来看，作为一个研究者，必须获得前人的知识，才可能进行进一步研究。那么科研工作的第一步，就是阅读有关前人的文献。在茫茫文献中，找到与自己研究相近的专业，这首先是一个知识辨认的过程，经过辨认，找到与自己有关的信息，然后从中获取所需要的知识。这就是引证的开始。具体如图 1.6 所示。

2）知识的遗传，也是知识的传播与扩散的过程。引用由于继承了以前文章的知识，从而会保留一部分知识，有相似性，但也和原来的知识并不完全相同。引用是一个知识流动的过程，也是一个科学知识增长的过程、科学知识进化的过程。知识进化中遗传包括遗传了原来的 DNA，继承了原来的部分知识，继承了知识最精华的部分，也发展了新的知识。

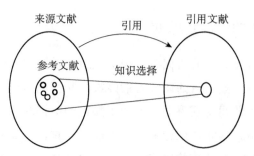

图1.6　引用知识的选择过程

最简单的一个遗传，也是优胜劣汰，好的、精华部分就可能遗传下来，糟粕就不能遗传下来。如果本身能得到好的遗传基因，生存下来的可能性就会增加。引用过程是类似于遗传，但并不是完全遗传的过程。对引用者来说，是选择了好的遗传基因，也就是主动遗传。但是作为被引来说，就是应该有足够好的基因来遗传，或者是起码有足够应当引起变异的基因。

如图1.7所示，文献A一直在引用的过程中不断地被引用，这就是知识的遗传。文献的共被引，说明了共被引的文献有着相似的基因或者有着相似的内容遗传到下一篇文章中去。

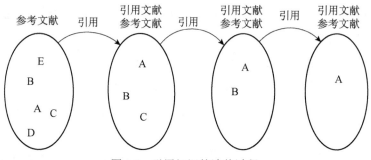

图1.7　引用知识的遗传过程

如果一篇文献的引用过程一直这么延续下去，就是一个基因不断地遗传下去，就会形成一个科学体系，或者会很容易找到这个学科发展的脉络，也许与起源的文献不太相同，但是应该可以看出是一脉相承，这个过程就可以用来研究科学史。如果一篇文献经过多层引用，变成几乎与最初始的文献根本没关系的文献，也可以说这个文献的变异太大了，完全脱离了原来的轨道。

但基因有显性基因和隐性基因之分。显性基因很快就会显示在第二代身上，而有些隐性基因在第二代反映不出来，或者反映出来较慢，这表现在引用上就会发生所谓的睡美人（delayed recognition）现象。

科研工作者把自己的新的科研成果按照科学共同体内的规范发表，如果他的科研成果所蕴含的知识超过了前人的，那么其科研成果就会得到引用，以后的研究者就不会再看以前研究者的文献，那么他的科研成果就得到了传播。如果他的文献的知识含量不如前人，那么根据知识的互补性，也许别人就不会看他的文献，也不会引用他的文献，那么他的科研成果就得不到传播，也没有什么意义，那么科学就没有进步。科学知识就是这样经过引用与被引用不断传播和发展。

3）知识的变异，也是知识的创造与增值。"变异"一词由生物学中借用而来。在生物学中变异指同种生物世代之间或同代不同个体之间的差异。而作为非生命体的知识，其变异运动系指已有的知识基因产生内容上的创新。如果说知识遗传意味着知识继承，那么知识变异就意味着发展。知识变异是认知主体通过产生新思想、创立新理论、拟定新方法、发现新关系、开发新思想的创造性思维活动来实现的。知识变异运动的类型很多。如按学科领域分，有物理知识变异、化学知识变异、生物知识变异等。若按结构分，有知识基因变异、知识变异、知识细胞 DNA 变异、科学学科变异等。知识跃进变异亦称突变，它有三个等级：开创级、开拓级、创新级（刘植惠，1999）。

图 1.8 展示了引用过程中的知识变异的过程。文献 A 的变化是从 A→A1→A2→A3，知识在引用的过程中发生了变异，显示了知识逐渐演化的过程。B→B1→B2，C→C1 也都是变异的过程，如果变异不成功，没有人引用，就不能再变异下去，只能消失或休眠。

在获得了知识后，研究者们不再局限于学习前人的经验，他们会在获得前人知识的同时，也努力创造新的知识（图 1.9）。他看到的文献越多，那么也许他积累的知识越多，就越可能产生出更多更好的新知识。但事情不一定这么绝对，从知识的继承性角度探究，如果看了大量的文献，但是这些文献的质量不高，包含的知识相对较少，也就是研究者和那些文献的

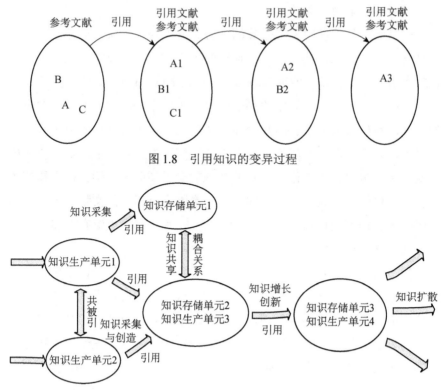

图 1.8　引用知识的变异过程

图 1.9　知识单元引用过程图

知识势差比较小，那么他们就不会引证那些文献，只会寻找更高质量、拥有更多知识的文献。从知识的老化性来看，知识是会老化的，所以研究人员会寻找最新的文献，也就是拥有最新知识的文献，来作为他们引用的目标。在对知识的甄别和梳理下，研究者们把自己的创意写成文章，也就是知识的创造与增值过程。在最后的成果上，他们会注明对自己有过帮助的文献。

知识进化是知识遗传与变异的辩证统一，割裂任何一方，将会导致知识的空虚和停滞。知识的遗传与变异是两个不同过程，它们是交替进行的。一般来说，遗传阶段的时间较长，变异阶段的时间较短，但有时也很难明确划分出两个阶段，"你中有我，我中有你"的情况时有发生。

2. 网状引用过程

人类经过一代代繁衍生息，逐步形成了人类社会，而经过一代代知识流动和遗传，科学文献则形成了引文网络，也是文献网络，同时还是科学知识的网络。虽然引文网络错综复杂，但是它们之间的互相引用关系的存在，也就是知识流动的存在，我们还能够辨别其亲缘关系，以及网络的结构。网络中存在着所谓共引和耦合的状况。根据文献分析的理论，共引和耦合的两个文献之间，应该存在着某种程度上的相似性，而这种相似性是通过同时与第三文献之间的关系而体现出来的。

当一系列的文献单引、耦合、共引关系建立起来之后，一个文献引用网络就随之产生。与单独的一对一的引用过程相比，引文网络体现出更为复杂的网络特征和更丰富的整体性。在网络中，一篇文献不再是一个独立的整体，而是能够通过媒介与其他文献产生直接或间接的各种联系。

在这个网状的知识流动的过程中，知识的传播不是单调和稳定的，而是不断发生着变化。大规模的知识的流动过程中则更是蕴含着知识的分散、重组等丰富的动态行为，为知识的优胜劣汰提供了新的契机。

图 1.10 描述了一个网状引用过程中知识活动简化流程。$P_1 \sim P_6$ 这 6 个节点代表 6 篇文献或知识单元，箭头的方向代表知识的流动，为便于分析，将 P_2 引用 P_1 的过程中的箭头方向设置为从 P_1 指向 P_2，这与一般的引用关系的指向略有区别。

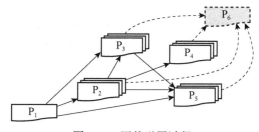

图 1.10　网状引用过程

图 1.10 中显示出最少三个层次的知识活动。首先，包括了简单的引用过程的知识流动，即知识的产生与传播，P_1 的出现不但产生了一份包含着各项信息的文献或知识单元，也代表新知识的诞生。新的知识产生之后，也许在相当长的一段时间内不会受到其他文献或知识单元的注意。但经过一段时间，研究人员也许就会发现这篇文献，并且进行引用。在图 1.10 中，$P_1 \rightarrow P_2$、P_3、P_5，$P_2 \rightarrow P_3$、P_4、P_5，$P_3 \rightarrow P_5$、P_6 等引用过程清

晰可见，展现出多样性的知识传播过程。

其次，包括了知识的普及与共享。根据知识的互补性和替代性，经常会发生这样的情况：因为处于同一科学共同体中，研究的内容非常相似，也就是有很多相同的知识，研究者会关注这些知识，并把这些共同的知识当作知识基础，一起加以引用，这类行为称为共被引。"共被引"这个术语前文提到最早是由 Small（1973）和 Marshakova（1973）分别在研究引证结构和文献分类时独立提出。两个研究对象要建立共被引关系必须是比它们后发表的文献引用了它们的成果，两个研究对象的共被引关系是由比它们新的知识内容决定的。由于知识的非排他性，一个研究成果可能被两个人以上引用，说明了知识是可以共享的，而引文耦合现象则说明了知识的共享。

最后，体现了知识的发展与重组、积累与涌现。以 P_3 和 P_5 为例，虽然它们分别从 P_1、P_2 和 P_1、P_2、P_3 中汲取了知识流，但是它们与这几篇文献也可能已经处于不同的水平。换句话说，P_3 和 P_5 这两篇文献或知识单元可能从特定领域的技术水平上已经达到了超越其所参考文献的更高的专业水平，产生了 $P_3 > (P_1 + P_2)$、$P_5 > (P_1 + P_2 + P_3)$ 等关系，这也符合随着时间推移知识不断进化的一般规律。

如果说知识的传播乃至发展都属于知识的物理变化，当来自各个方向的知识积累到一定程度，各种知识融会贯通、互相交织，则有可能产生知识的化学变化，虽然与已有的知识基础无法完全脱离，但崭新的知识组合及新的技术领域有可能就此形成，如图 1.10 中的 $(2+3+4+5) \rightarrow 6$ 这一知识重组过程。P_3、P_4、P_5、P_6 已经逐渐将 P_1 中的知识扩散发展开去，等到积累至一定程度，就可能产生知识的融合与重组。量变会引起质变，知识积累到一定程度，就会涌现出许多新想法、新概念，知识的重组一方面蕴含着新知识诞生的机遇，另一方面也可能产生知识应用的新领域乃至新范式。这可以解释许多文献自引现象。

1.4 引文分析的两个维度

从知识的发展模式来看，科学知识是进化发展的，知识的流动是优胜劣汰的，引用的过程是知识进化的过程，引文分析的过程是对知识流动过程的分析，因此，知识的进化论为引文分析提供了认识论的基础。

1.4.1　对群体知识流的分析

1. 引用分析过程

首先是对引用过程的分析，对集合起来的海量的引文所包含的知识流动过程的分析，也就是对群体知识的辨认、采集、获取、创造、增值、传播、扩散等一系列过程的分析。同时也是分析知识的产生、传播、发现、积累与扩散，输入与输出，形成范式的过程，可以帮助我们认清知识的基础、中介和前沿，知识的结构、演化和重组，以及知识的涌现、断层和变革。海量的数据是单个引文的集合，单个引文产生的过程与多个引文产生的过程相似，可以认为单个引文发生多次被引，也就是一个基因遗传了几次，也可以认为是被引频次。这说明了知识遗传量的多少，也能显示遗传的方向。打个比方，就是一个生物的后代有几个，它们并不一定是同时出生，如果时间跨度大，说明这个基因变化得慢；时间跨度小，说明基因变化得快。反映在引文分析上，表现为是否被引证、什么时间被引证、引证的周期和峰值，以及被引的宽度，也就是知识是否流动、什么时间开始流动、流动量的大小及流速的快慢、流动的方向等。

由图 1.11 可以看出，群体的知识流动主要是知识在引文网络中的流动。可以看到，个体的知识在引用的过程中，经过遗传和变异，逐渐形成了知识群，知识群之间有联系，也有区别。图 1.11 中形成了三个知识群 A、B、C，每个知识群都是由一定数量的文献组成的。但是，在网络中，每个节点的作用是不一样的。知识群 A 与 B 是由节点 c—i，d—e 连接，B 与 C 之间是节点 a—b 连接，A 与 C 之间是由节点 e—h，f—g 连接的。可以看出，知识群之间只有少数连接，而群的内部连接却是十分紧密的。如群 A 内部，每个点都可以通过其他的点到达群里的任何一点。这就说明群内的知识流动比群间容易流动。

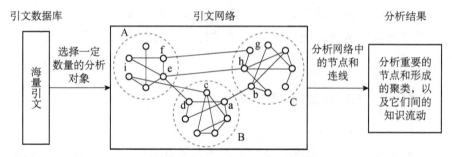

图 1.11 群体知识流的引文分析过程

2. 聚类分析

如图 1.12 所示，聚类的过程是先以文献节点 P_0 为核心的知识群，形成了体现核心文献成就的统一范式，后来导向常规科学，通过一系列的知识活动发展到以文献节点 P 为核心的知识群，表示围绕核心文献的知识的输入与输出、知识的积累与扩散，也显示了"前科学（没有范式）→常规科学（建立范式）→科学革命（范式动摇）→新常规科学（建立新范式）"的知识增长模式，即常规科学中范式的形成与积累。这里测度的是度中心性：点入度与点出度。

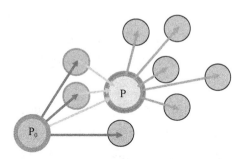

图 1.12 群体知识流的聚类分析过程

群体的科学技术知识流动会形成聚集和扩散效应。科学技术知识流动的集聚有利于增长极的迅速形成和壮大，知识的扩散无疑会带动增长极相近专业或相关学科的发展，进而形成固定的知识群和知识聚类，从而形成稳定的学术共同体，以及一些固定的研究者，成为固定的学术流派，形成学术研究的范式。大量的相似的知识流动也解释了科学学科之间是如何输出思想的，因为知识是产生在那些可见的其他学科之间，然后流入学科的。其他的学科是自我消费的知识产生者，尽管有时与从其他学科流入知识的可能性相矛盾。

3. 网络分析

对群体知识的共引网络进行分析，通过共被引文章和引用这些文章的术语的复合网络，可以得到这些来自题目、摘要中的专业术语和频次突然增加的关键词，对引用次数突然增多的文章进行分析，也可以认清知识的基础、中介和前沿，知识的结构、演化和重组，以及知识的涌现、断层和变革。

群体的知识流动因此也会形成所谓的知识基础和研究前沿。知识基础是由相似的知识形成的，是知识的积累和传播，而研究前沿则是知识的突变和涌现。

1.4.2　对海量数据特征的分析

对海量数据的引文分析可能会出现分析单个数据时不会出现的一些问题。例如，海量数据就会出现数据统计问题（图 1.13）。引文是知识的载体，这个载体又包括了几个元素，如作者、文献题目、发表的期刊（出版社）、年份等，这些载体又分别承载了知识的属性等，因此也就出现了对这些知识载体的分析。对知识流动的抽象过程，又回到具体的过程。在此基础上引文分析就分化出对作者的分析、主题的分析、期刊的分析及年份的分析等。

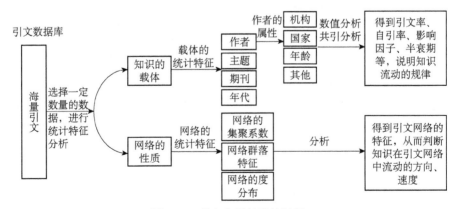

图 1.13　引文分析的统计过程

随着社会的发展，引文活动越来越复杂。对引文分析的研究者来说，掌握先进的引文分析技术是必需的。社会网络分析和复杂网络理论为引文分析提供了良好的理论基础。网络中的路径长度、集聚系数、连接强度都会影响知识流动的速度、深度与广度。短路径有利于信息得到较为快速及深入的传播，减少原有知识的损失。一个网络的集聚系数越大，网络中知识流动覆盖的范围也越广。在知识流动过程中，组织或局部网络内成员间的知识的交流与传递在该网络中形成强连接，强连接可以使一小部分组织通过知识的局部扩散充分挖掘综合知识。

1. 从微观到宏观

引文分析的基础是海量数据。海量的知识流动是由一个个微小的知识流动引起的。知识流动的过程显示了自然选择的过程，显示了知识的进化。只有那些真正流动的知识，才能在自然选择的过程中存活下来，并且进入这个引文分析的过程。

2. 从宏观到微观

我们进行引文分析，关注的虽然是些统计信息，但是那些高被引的文章、高被引的作者，以及中心度最高、处于结构洞位置的文献或作者是我们要仔细研究的。如波普尔（2005）说，"研究产品比研究生产重要得多"。因此，引文分析的最终结果还是要回到微观的知识上来。

3. 引文分析是从微观到宏观再到微观的过程

分清了引用过程及引文分析的过程，就可以避免一些研究者的困惑。引用过程是个微观的过程，是单个过程，引文分析是一个宏观的过程，是对海量数据进行的分析。如果从引文分析是对知识流动过程的分析这个角度来看，有许多问题就可以迎刃而解了。现在采用 CiteSpace 等可视化技术，以词语、概念为知识单元，对许多学科领域的结构、前沿和演化进行分析，基本上属于微观引文分析领域。它提供了从知识领域范式的形成、积累与变革的过程，对知识计量与可视分析的结果进行解读的新模式，揭示了现代知识体系高度分化与综合条件下某一知识领域知识革命的结构机制，使我们能在宏观层次上把握一个知识领域的动态，并展示知识通过引文在学科与空间上的传播，科学、技术、知识的地理空间分布格局，以及已知领域历史演变与未知领域信息的结合。

4. 引文分析是对知识活动系统的分析

社会再生产系统可以简化或抽象为人类知识活动系统（图 1.14）。就社会分工而言，人类知识活动系统是由作为知识生产的科技系统、作为知识传播的教育系统和作为知识应用的经济系统所组成的。引文分析分析了知识流动的过程，也就是分析了知识活动系统。引文产生的过程就是知识生产、传播和应用的过程。通过引文分析能够对知识活动系统的知识生产和传播过程更加明了。

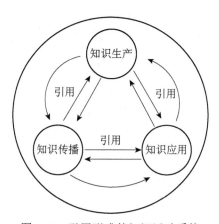

图 1.14　引用形成的知识活动系统

1.5　引文分析的对象与内容

从普赖斯、加菲尔德到斯莫尔，他们已确立起日臻完备的引文分析理论与方法，构成科学计量学的基础与主流，在一定意义上也可以说在科学计量学中已形成一门成熟的分支学科——引文分析学。现代科学计量学和文献计量学都构筑在引文分析学的根基之上（刘则渊等，2008）。

1.5.1　引文分析的对象与学科基础

引文分析的研究对象过去一直被笼统地包括在文献计量学和科学计量学的范畴之内。但是，引文分析的研究对象是由该领域中特殊矛盾所决定的。引证主体、引证文献与被引证文献三者之间复杂的矛盾对立统一关系构成引文分析的核心研究对象。具体而言，包括两个层面：一是引文本身及引文所承载的相关特征信息的直接计量问题，也就是有关引文的作者、主题、年代、国家、机构等的分布规律；二是引文及引文所承载的相关特征信息之间的关系的定性与定量分析，也就是与引文网络相关的问题，包括引文之间的耦合、共引及形成的特定网络的特性等问题。简而言之，引文分析学是以文献、信息、科学、技术、网络等领域中的引文之间知识联系与流动过程所形成的引证规律、引证方法及文献之间的相互引证关系和被引证关系为研究对象。

引文分析学作为新兴的学科门类，在整个科学知识体系中占据着极为重要而又特殊的地位。探讨引文分析的学科定位主要涉及引文分析与近邻相关学科的关系及引文分析在科学知识体系中的归属关系。

任何事物的发展都有一定的基础，没有平地而起的高楼大厦。科学史表明，一门学科如果要成为真正独立成功的科学学科，就必须有自己独特的理论体系，还必须有本学科特有的研究方法或表征其存在意义的特征方法存在（王续琨和初福玲，2001）。作为一种理论，引文分析学的主要理论来源和学科基础是与知识相关的知识科学。

知识科学是以知识作为研究对象的交叉科学门类，包含着众多的分支学科，介于哲学科学、社会科学、数学科学、系统科学、自然科学。知识科学的基本任务是研究知识世界的产生、发展的基本规律（何云峰，2003）。其主要包括如下内容。

1）研究知识的本质和特征问题。跟社会哲学、自然哲学、认识论（思维哲学）相对应，对知识的含义、本质、特征等进行形而上的研究，应当是知识科学必须涉及的内容。这些研究可称为知识哲学或者知识学（知识论）。

2）研究知识世界的产生和历史发展问题。

3）研究知识的进化规律问题。这主要是发现知识世界的进化不同于其他世界的基本规律和特征。

4）研究知识个体发展和演化的规律问题。

5）研究知识内容的传递、扩散和接受问题。

6）研究知识形式的表达、理解及其结构问题。

7）研究知识的价值及其显现方式问题。

8）研究知识的储存、分类问题。这可以包括图书情报学的全部领域，如文献资料学、档案学、图书编目学、博物学等。

9）研究知识产权及其保护问题。例如，知识产权保护的法律问题；专利的申请、登记与转化问题；著作权问题；等等。

10）研究知识工程、运用与学习的问题。主要涉及知识的系统化运用与创新问题、咨询与现代智囊团、知识共享与网络化问题等，可称为知识技术学。

由此可见，知识科学的研究范围是相当广泛的，涉及许许多多的问题和领域。这使得知识科学成为一个内容十分丰富的大学科。像自然科学、社会科学、思维科学一样包含着一系列的分支学科。由知识科学的研究内容和学科结构可以看出，引文分析学是知识科学的一门分支学科，知识科学也是引文分析学形成的母体理论学科（杨建秀，2005）。

1.5.2　引文分析的内容体系

任何一门相对独立的学科或专门学问都必须有其特定的研究领域和基本内容。引文分析研究的领域和基本内容则是由其研究对象、研究目标和任务决定的，并围绕其核心概念或基本范畴，如引证主体、引证文献（施引文献）、被引证文献（参考文献）、引文间的关系、引证动机、引证规范、引证类型、引文量、引证效果、引证质量、相关引文指标、引文分析、引文索引、引文数据库、引文网络、引证规律、共引或共被引等。任何一门学科的研究领域和内容都是以其基本概念和范畴为核心，呈现开放的系统和动态发展的态势，并随着社会发展和社会实践的需要不断发展和创新，引文分析学当然也不例外。

由引文分析的研究对象及引文分析的内涵角度展开，其内容体系一般由理论、方法和应用三个部分组成。具体地说，其内容体系包括以下几个方面。

1）引文分析若干基本问题的探讨，包括引文分析的概念，学科研究的对象、内容、范围，与相关学科的关系，学科的形成和发展，学科的一般原则和基本假设等。

2）引文的知识流动理论，从引文分析的过程说明知识的流动，说明知识的采集、生产和传播，知识的积累与扩散、输入与输出，以及形成范式，也可以认清知识的基础、中介和前沿，知识的结构、演化和重组，以及知识的涌现、断层和变革等。

3）引文分析的基本测度，以被引频次为基础的一系列相关的测度指标，以及关于引文网络中知识流动的相关的网络密度、网络中心性、点出度、点入度、中介性、中心势、集聚系数、群落等的概念的讨论。

4）关于引文分布规律的研究，包括引文的集中与离散规律分析、引文老化规律（引文年代分析）、引文类型分析、引文语种分析、引文国别分析等。

5）耦合分析与共引分析。包括对引文、著者、期刊之间的共被引关系，以及与被引著者的其他相关信息（研究所、国家、性别、年龄等）进行分析等。

6）引文分析方法的探讨，如数理统计方法、内容分析法、比较法、社会网络理论及复杂网络理论在引文分析中的应用等。

7）引文分析信息可视化方法及工具的研究。例如，可用到的聚类方法、相关分析、引文数据库的选择、相关的可视化的软件等。

8）在图书情报工作、科学学与科技评价、信息检索与科研管理等学科领域的应用。

虽说引文分析已经逐渐成为一门独立学科，仅有的几个研究都是说明引文分析是其他学科的分支领域，值得一提的是在 2003 年，凯蒂·伯尔纳（Katy Börner）等对引文分析领域的可视化研究表明，1997～2001年的五年间引文分析存在四个重要的分支领域，按因子分析排序为：科学知识图谱与可视化技术、科学的社会研究、文献计量学和科学的定量分析与评价、知识传播和共引分析。因此，目前几乎没有学者对其学科结构做出大跨度的、系统的阐述。

多维尺度分析图是在信息科学中使用最广泛的绘图技术，尤其是在文献可视化（Chalmers and Chitson，1992）、作者共被引分析（White and McCain，1998）、文件分析（Hetzler et al.，1998a；1998b）、科学绘图（Small，1973）等领域。多维尺度图可以根据其各个作者的空间位置来表示作者的相似性及相似程度来描述学科结构。

利用 Bibexcel 软件，得到引文作者之间的共被引关系，选取被引频次超过 35 次的前 53 名作者，做出作者共被引矩阵，利用 SPSS，进行多维尺度及聚类分析，绘制出多维尺度图，得出引文分析不同分支领域的主要代表人物及知识群。通过对被引频次超过 35 次的 53 名作者的多维尺度分析及聚类分析，我们得到了引文分析领域的代表人物知识图谱（图 1.15）。图谱中清楚地显示出，引文分析领域按作者聚集度与群体影响力可以分成四个聚类：知识群 1 中主要是加菲尔德和 ISI 公司，主要是科学引文索引的建立的有关问题；知识群 2 中的作者研究范围很广，从事引文分析的理论（引文规律、共引理论、科学社会学研究、科学交流、数学方法、模型、指标）及应用研究（侧重对学科机构、期刊评价、政策制定）；知识群 3 主要涉及引文分析的可视化方面及有关的信息科学；知识群 4 中的学者们主要从事新兴的网络引文分析和电子期刊有关问题的研究。

通过主成分分析，得到了四个主成分，其分析结果与聚类结果相似。从图 1.15 中我们也可以看到这四个主成分不是截然分开的，是相互影响的。有的学者虽然是某个分支领域的代表人物，但也广泛涉猎其他领域，成为两个知识群之间桥梁和纽带。可以看到，知识群 1 中有最多的人物，也是最有影响力的群体，他们对引文分析的理论、方法、应用都做出了巨大的贡献。科学知识图谱与可视化技术研究的知识群 3 是集成了科学计量学理论与方法及信息科学与技术发展起来的新兴研究领域。20 世纪 90 年代中后期开始出现的网络计量学代表了新兴的学术群体（知识群 4）。这一新的研究领域虽然才出现短短几年时间，但其代表人物塞尔沃尔（M. Thelwall）的被引频次已经达到了 166 次。在图 1.15 中可以清楚地看到网络计量学和科学知识图谱与可视化的关系也比较密切。

可以根据图 1.15 描述引文分析领域的知识结构，但是为了能清晰系统地说明一个学科的框架，将引文分析体系大致区分为三个层次或领域：引文分析理论研究、引文分析方法研究、引文分析应用研究（图 1.16）。

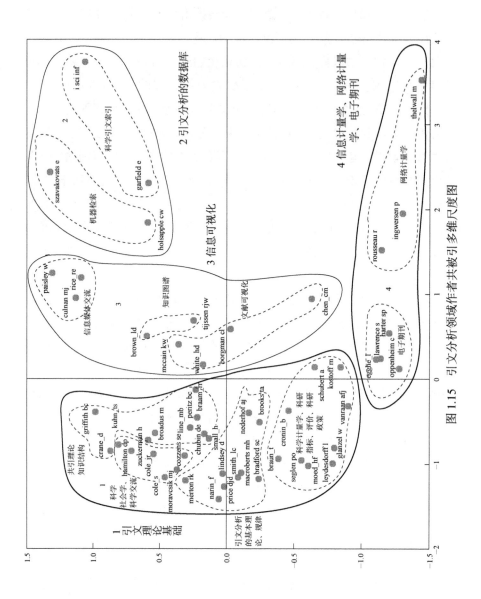

图 1.15　引文分析领域作者共被引多维尺度图

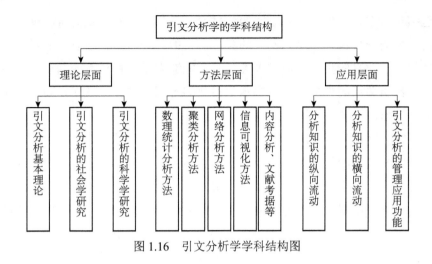

图 1.16　引文分析学学科结构图

1.5.3　引文分析的研究方法

引文分析是多学科交叉渗透产生的边缘性学科，因而其研究方法也是多种相关学科方法的交叉、综合。引文分析的研究方法是在普遍性的哲学方法（主要指唯物辩证法、自然辩证法、认识论和辩证逻辑等）和一般科学研究方法［如观察方法、调查方法、实验方法、科学抽象方法（包括分析与综合、分类与类比、演绎与归纳）、比较等逻辑思维方法、数学方法、控制论方法、信息方法和系统方法等科学方法，以及创造性思维方法］的基础上，针对本学科特定的研究对象、研究内容，在研究实践过程中逐渐形成和发展的方法。当然引文分析的方法不再局限于引文分析自身的方法，还吸取了其他学科的精华。概括起来主要有以下几种。

（1）数理统计分析方法

主要运用文献计量学的数理统计和数学模型方法，对表征文献引证现象和引证规律的指标（如引文率、自引率、影响因子、引文耦合、共被引等）进行定量描述、分析、评价和预测，用以揭示某学科、某研究领域的结构特征、演变过程及发展规律，并可作为科研机构、科技期刊、科研人员评价的有效方式和手段。

（2）聚类分析方法

在文献耦合与共引分析的基础上，由于共被引和耦合可以反映出相似性的问题，可以对共被引或耦合关系所产生的相似性进行聚类分析，包括对引文、著者、期刊之间的共被引关系进行聚类，从而进行聚类分析。聚类分析包括一系列不同的算法，目的是把海量的信息变成易于处理的、有意义的集合。通过聚类分析，能够揭示目标体系的结构。通过对共被引关系的聚类，可以揭示学科之间不同的结构，从而发现不同学科的规律。

（3）网络分析方法

引文之间的引用关系形成了引文网络，利用网络的方法和手段对引文网络进行分析最合适不过。近年来兴起的社会网络分析和复杂网络分析为引文分析提供了很好的方法。引文网络可以借鉴它们的网络分析的方法来进行分析。引文网络分析即以引文数据库的引文数据为基础，综合运用复杂网络结构理论和引文分析方法，并应用矢量空间模型和网络可视化技术，构建引证网络和被引证网络，并实现网络的直观可视化图形，对科技知识的动态发展演化及其参与学术交流的积极性和学术影响力进行分析、评估。引文网络分析一般是根据社会网络分析中的网络密度、"小团体"分析、中心性分析来研究科学共同体及科学活动。

（4）信息可视化方法

信息可视化的方法主要是形象地展现信息，使信息在二维平面上展示出来。信息可视化的方法用在引文分析上，主要是利用引文分析工具和软件把引文网络和共引网络更形象地展示出来，形成知识图谱，更加形象地反映某个知识领域的情况。目前在文献信息可视化上主要用的方法是降维技术，包括因子分析、多维尺度、关键路径法、自组织图等。各国的学者也纷纷开发了许多可视化的软件，如前面提到的 Pajek、Netdraw、CiteSpace、ET-Maps、HistCite 等，大大方便了引文分析。

参考文献

埃格希 L，鲁索 R. 1992. 情报计量学引论. 田苍林，葛赵青译. 北京：科学技术文献出版社.

贝尔纳 J D. 1982. 科学的社会功能. 陈体芳译. 北京：商务印书馆.

波普尔 K R. 2005. 客观知识——一个进化论的研究. 舒炜光，卓如飞，周柏乔，等译. 上海：上海译文出版社.

陈悦，刘则渊. 2005. 悄然兴起的科学知识图谱. 科学学研究，23（2）：149-154.

何云峰. 2003. 建构知识科学作为一个新的科学门类. 中共浙江省委党校学报，（1）：80-83.

库恩 I S. 2003. 科学革命的结构. 李宝恒译. 北京：北京大学出版社.

拉卡托斯 I. 1986. 科学研究纲领方法论. 兰征译. 上海：上海译文出版社.

刘建国. 2006. 复杂网络模型构建及其在知识系统中的应用. 大连：大连理工大学博士学位论文.

刘则渊，陈悦，侯海燕，等. 2008. 科学知识图谱：方法与应用. 北京：人民出版社.

刘植惠. 1999. 知识基因探索（十二）. 情报理论与实践，22（6）：459-462.

马恒通. 2004. 主观知识客观化论纲. 中国图书馆学报，30（5）：22-26.

马恒通. 2005. 文献与知识的进化. 自然辩证法通讯，27（6）：68-73.

邱均平. 2007. 信息计量学. 武汉：武汉大学出版社.

施良方. 1994. 学习论. 北京：人民教育出版社.

陶勇，刘思峰，方志耕，等. 2007. 高校学科建设网络中知识流动效应的测度. 统计与决策，（17）：37-38.

王续琨，初福玲. 2001. 知识科学的兴起和发展. 大连理工大学学报（社会科学版），22（2）：15-20.

许志强. 1990. 试论知识的遗传与变异. 知识工程，（3）：23-27.

杨建秀. 2005. 论知识管理学的创生和发展. 大连：大连理工大学硕士学位论文.

尹丽春. 2006. 科学学引文网络的结构研究. 大连：大连理工大学博士学位论文.

张睿鹏. 2005. 团队知识存量的相对度量方法研究. 杭州：浙江大学硕士学位论文.

赵敦华. 2006. 赵敦华讲波普尔. 北京：北京大学出版社.

周超. 2004. 科学知识进化与科学合理性——波普科学合理性理论研究. 中国青年政治学院学报，（3）：64-68.

Chalmers M，Chitson P. 1992. Bead：Explorations in Information Visualization. New York：ACM Press.

Hetzler B，Harris W M，Havre S，et al. 1998a. Visualizing the full spectrum of document relationships. Proceedings of the Fifth International Society for Knowledge Organization (ISKO) Conference.

Hetzler B，Whitney P，Martucci L，et al. 1998b. Multi-faceted insight through interoperable visual information analysis paradigms. Proceedings of IEEE Symposium on Information Visualization，InfoVis' 98：137-144.

Kessler M. 1963. Bibliographic coupling between scientific papers. American Documentation，14（1）：10-25.

Marshakova I V. 1973. System of document connections based on references. Nauchno

Tekhnicheskaya Informatsiya Seriya，2（6）：3-8.

Small H. 1973. Co-citation in the scientific literature：A new measure of the relationship between two documents. Journal of the American Society for Information Science，24（4）：265-269.

White H D，McCain K W. 1998. Visualizing a discipline： An author co-citation analysis of information science，1972—1995. Journal of the American Society for Information Science，49（4）：327-355.

Zinkhan G，Leigh T. 1999. Assessing the quality ranking of the journal of advertising 1986—1997. Journal of Advertising，28（2）：51-70.

第2章　专利引文分析的基本理论问题

在第 1 章的论述中，虽然只提供了引文分析的基础概念和理论，并没有对引文分析的用途进行实证分析，但仍可从中发现引文分析的几个可能的应用去向：首先，引文分析能够分析知识的纵向流动，从而追踪科学发展的历史，进行科学史的研究，揭示科学发展模式，可以确定知识的起点、流向及分化的情况。其次，引文分析能够分析知识的横向流动，发现某学科与其相关学科的关系，从而延伸至研究科学结构，研究科学学科之间的关系。当然，这种横向流动的追踪可以推广到地理空间之中。最后，引文分析可以进行微观、中观及宏观的评价（包括科技成果评价、科学文献评价、科技人才评价等）。根据被引频次及相关一系列指标，可以得出个人、科研机构乃至国家的知识存量及流量情况，预测知识的发展前沿，为科研管理提出合理化的建议。

在传统的引文分析研究中，科学论文是主要的研究对象和研究载体。但近年来，专利文献正逐渐进入引文分析的视野，呈现出日新月异的发展趋势。专利文献是创新活动的完整记录，可以作为技术创新中创新技术、创新产品、创新工艺的核心内容和基础（赵黎明等，2002）。它记载了一项技术自诞生之日起的一系列主要事件，能够反映不同时期技术开发活动的状况，也可以用来探究特定技术领域的发展历程。当一项专利发表时，在专利文件中列出的与本专利申请相关的其他文献就是专利引文（patent citation），包括专利文献和科技期刊、论文、著作、会议文件等非专利文献。

专利文献与论文文献是科技文献的两个重要的组成部分，虽然科学与技术存在概念上和现实上的差异，但是两者之间也存在着密切的相互联系。这也导致专利文献和论文文献之间也具备着分析方法上的一致性。

尽管引文分析方法发端于针对论文文献的分析，但如果将其应用于专利文献，也存在着先天的合理性。因此，前节所述的引文分析的理论、方法、范式等，也基本适用于专利文献的分析。不同的是，专利文献的编纂方法及数据获取方法与论文文献略有差别，分析手段需要作适当的调整。

纳林（Narin，1994）以计量方法分析专利信息，可视其为相关研究的先驱者，该研究及纳林后续进行的相关研究，确立了专利计量研究的研究方法。专利计量研究主要从三个方面展开分析，包括专利的数量、引用分析及其他关联分析。自此之后，专利计量分析开始蓬勃发展。

2.1　基本概念界定与理论分析

物质流、能量流和信息流可以被视为我们认知世界的基本要素构成。信息时代的到来告诉我们，只有掌握了信息，才有可能在日益激烈的竞争中取胜。专利作为技术知识和信息的最有效的载体，囊括了全世界90%以上的最新技术情报。根据世界知识产权组织的估测，专利信息的有效利用率与企业研发工作的效率之间存在正向关系，前者的提升可以使后者获得大幅度的提高。此外，有效地利用专利信息，还可以缩短企业的平均技术研发周期，节省大量的科研经费投入。可见，在信息社会的激烈竞争中，专利信息价值的充分发掘发挥着举足轻重的作用。

2.1.1　专利引文

从知识流动的角度来看，一个基本的专利引用过程可以描述为：假如专利Ⅱ是在专利Ⅰ的基础上建立的，就可以说专利Ⅱ引用了专利Ⅰ，如图 2.1 所示。

图 2.1　专利引用过程

简而言之，如果 y 专利的出现部分地建立在包含在 x 专利中的知识基础上，就称 y 专利引用了 x 专利，也就构成了一个基本的引用过程。

当一个专利申请人引用在先技术的时候，这种引用常常被称为申请引用。当审查者授予专利的时候，他会增补被授予专利文献的第一页上的主要在先技术，这被称为审查引用。根据引用方向的不同，专利引用过程一般可以分为后向引用和前向引用，即一项专利引用别项专利和论文，以及一项专利被别项专利和论文引用。为方便起见，本节所讨论的都是专利与专利之间的相互引用关系。

专利引用活动按不同的划分标准可以分为不同的类型。按照专利引文信息搜集的主体来看，可分为申请引用和审查引用。前者是指专利申请人提供的关于本专利引用在先技术的专利引文信息，后者是指当审查者授予专利的时候，往往会对被授予专利文献首页上的主要在先技术的相关信息进行补充。另外，还可以按照引用方向的不同，分为后向引用和前向引用。后向引用是指一项专利对其他专利的引用，前向引用则是一项专利被其他专利所引用。

严格来讲，专利引文应包含在两部分内容中：一部分是由申请人撰写的专利说明书，为了说明某项技术的发展历史及现状所列出的参考引文，这部分引文信息内嵌在说明书原文中，不易提取。另一部分是由审查员在对该发明进行三性审查时，检索出来的与本发明有关的关键文献，它们被清晰明确地著录在说明的扉页上。国外的研究资料表明，专利引文分析通常是以审查员给出的参考引文为基础。审查员参考引文与申请人参考引文的内容有很多都是重复的，一般情况下，前者的数量相当于后者的 2 倍。由此可见，以审查员参考引文作为专利引文分析的基础，不论从质量上还是从数量上来看，都可以使分析结果更具可靠性。

为了明确本书中的"专利引文"包含的范围，特对后文提及的"专利引文"加以说明。首先，专利引文包括直接引文和间接引文，我们只选取直接引文作为引用文献；其次，专利引文是以审查员在审查专利文献时引用、参考的文献，即审定授权说明书扉页上的参考文献为准；最后，专利引文包括专利文献和其他非专利文献，只选取专利文献作为专利引文的研究对象。

2.1.2 专利耦合、共被引

专利之间的引用往往不会是单纯的链式结构那么简单。与科学文献类似，专利文献之间也存在着共被引和耦合的状况。图 2.2 展示了 A、B 两个专利同时被专利 a 引用的状况，图 2.3 则展示出 A、B 两个专利同时引用专利 a 的情况。根据文献分析的理论，共被引和耦合的两个文献之间，应该存在着某种程度上的相似性，而这种相似性是通过同时与第三文献之间的关系体现出来的。目前已经有学者开始利用专利文献的共被引和耦合关系来建立新的专利分类体系，以补充现行的国际专利分类（international patent classification，IPC）和美国专利分类号（United States patent classification，UPC）等专利分类方法（Lai and Wu，2005）。

图 2.2　专利文献共被引　　　　　图 2.3　专利文献耦合

当一系列的专利引用、耦合、共被引关系建立起来之后，一个专利引用网络就随之产生。与单独的一对一的专利引用过程相比，专利引用网络体现出更为复杂的网络特征和更丰富的整体性。在网络中，一项专利不再是一个独立的整体，而是能够通过中介与其他专利产生各种承前或者启后的关系。专利之间的这种网络关系，能够反映出专利所有人之间的社会网络，在宏观层次上也能够反映出国家间的交流与合作。

2.1.3 专利引文网络

一般情况下，技术创新是在前人已有的研究成果的基础上展开的。专利引文信息包含了该专利所用到的最具相关性的专利技术。通过专利引用历史，可以探究专利文献间的关联，并通过可视化图谱直观地展现这种联系，从中可以观察到早期技术被逐步改进及孕育新技术的过程，揭示了技术发展的演进轨迹及未来发展方向。也就是说，在专利文献中存在的引用和被引用的关系实际上是一种"引文链"或"引文网络"，它可以反映蕴含在专利中的知识流动及指导技术创新的信息流的方向、特征和过程，显示专利文献之间的引用规律，从而沿着引用路径能够揭示某一技术或行业的发展趋势和动向，这也体现了技术发展的连续性和继承性（岳洪江，2008）。

图 2.4 描述了专利引文网络中存在的路径。其中，圆形节点表示专利，实线箭头表示专利中技术知识的流动方向，虚线箭头表示技术的演进方向。

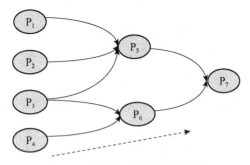

图 2.4　专利引文网络中的路径

在图 2.4 中，P_1～P_6 分别表示 6 项专利。其中，P_1、P_2、P_3 分别被 P_5 引用，P_3、P_4 分别被 P_6 引用，P_7 则引用了 P_5、P_6。图 2.4 中专利引用路径有 5 条：①$P_1-P_5-P_7$；②$P_2-P_5-P_7$；③$P_3-P_5-P_7$；④$P_3-P_6-P_7$；⑤$P_4-P_6-P_7$。

P_5、P_6 分别是在 P_1、P_2、P_3 和 P_3、P_4 的相关技术的基础上"演进"产生的，P_7 是在 P_5、P_6 的相关技术的基础上"演进"产生的。那么，沿着这些引用路径建立起专利引文网络，则可揭示相关技术的演进方向。

可见，大多数具有专利引文的专利，都是对引文所在专利类别已有技术的改造和创新。专利引文中蕴含大量有价值的信息。由于专利引文涉及引用不同国家、不同时期的专利和文献，可以追溯至更早的时间甚至技术起源，从而更好地揭示技术的演进路径。

究其根源，专利引文网络是在社会网络的基础上发展而来的。社会网络分析的出发点是"社会结构可以用网络来表示，用一组节点和一组关系来表示社会组织或成员之间的交互"（朱庆华和李亮，2008）。专利引文网络的构建是把专利作为网络节点，以它们之间存在的引用关系作为网络连线。通过分析专利之间的引用关系及规律，探求技术与技术之间的联系及发展规律。专业软件（如 Ucinet 和 Pajek 等）的推出进一步激发了研究者开展专利引文网络分析的兴趣（刘晨，2009）。

专利引文网络的结构特点有：①网络中的关系是固定的，无法在任何已有的节点上添加新的表示引用的连接关系，也不能够任意去除网络中已有的表示引用的连接关系，因为任何一项专利发表之后，它的引文信息就是固定的；②网络中的引用关系是单向关系，即只能是后期的专利引用前期的文献，而前期的文献不能反过来引用后期的文献；③网络中的引文不能自己引用自己，在专利引文分析中，自引主体只能是专利本身；④网络中的引用是发生在特定时间点上的事件，即专利Ⅱ引用专利Ⅰ是在固定时间发生的，这个固定时间正好是专利Ⅱ的发表时间，且专利Ⅱ的发表时间必然在专利Ⅰ之后；⑤网络中的专利引文之间呈现出一定的主题关联性，在技术主题或技术要点上存在一定的关联（邓中华，2008）。

2.2　国内外研究状况

2.2.1　专利引文研究总体状况

近年来，随着专利计量学的产生与发展，对于专利文献的研究日渐兴起。一般来说，一份完整的专利文献包含着技术信息、法律信息和经济信息等多方面的内容。通过对专利文献进行计量分析，可以展示出国家（地区）的专利数量、企业的技术能力、主要的发明人等信息。通过对上述专利信息进行选择与判断，企业乃至政府部门可以进行相关的战略决策。

在美国、欧洲等一些国家（地区）的专利体系中，专利文献还必须包含专利引文信息，这为专利计量研究提供了目前看来最有价值的研究热点。专利计量学的奠基人之一纳林指出，专利引文分析是专利计量学的主要研究领域（Narin，1994），利用专利引文分析来评价国家和企业的研发表现是纳林着重强调的用途之一。我们通过检索 Web of Science 数据库，得到 1986～2008 年收录在 SCI 和 SSCI 中的主题词为"patent cit*"的文章 100 余篇，可大体归纳分为四个领域。第一个领域研究专利引用数量与企业价值间的关系，主要利用一系列专利引用指标来评价企业的价值与市场竞争力；第二个领域探讨专利引用过程中的知识流动，展示专利引用过程中知识从某一载体向其他载体扩散的过程；第三个领域面向专利引用的宏观规律层面，通过大规模的统计分析，揭示专利引用的数理特征；第四个领域则探讨专利引文对专利审查和专利分类等专利政策的影响。这四个领域基本涵盖了专利引文研究的主体部分，展现出了当前专利引文研究的热点分布。

从文章数量上来看，对专利引用过程中知识流动的研究大约占所有专利引文研究的 1/3，成为目前专利引文最主要的研究领域。在被检索的论文中，蒂森（Tijssen）2001 年发表的论文，利用专利与论文之间的相互引用，对科学和技术的关系及其中的知识流动进行了探索，截至 2008年 12 月 31 日（下同）被引用了 35 次；马赛斯（Maurseth）2002 年发表的基于专利引用过程的欧洲范围内知识溢出测度的文章，被引用了 28 次；李（Li）等 2007 年发表的文章绘制了 1976～2004 年纳米专利互相引用过程中的知识流动网络，被引用了两次。这三篇文章分别针对具体国家（地区）、技术领域及科学和技术之间的知识流动，从专利引用的角度进行了追踪和描述，展示出一幅幅知识传播扩散的图景。

略显不足的是，大多数学者往往将视角集中在中观和宏观层面，多是利用大规模数据对专利引用过程中的知识流动进行数理统计，而缺乏对知识流动的内部机理的微观分析与深入阐述。上述文献综述中频繁出现的知识地理扩散，是由知识流动的物理位移引起的。而知识流动过程中的化学反应的发生，以及新知识的产生等问题在以往的研究中很少出现。至于对化学反应引起的宏观科学技术层面变化的研究，则更是处于概念阶段，缺乏足够的理论和实证分析。

2.2.2 可视化技术的相关研究

随着计算机的日益普及、信息及网络技术的发展，专利信息分析方式也逐渐从手工处理发展到以计算机为工具的时代。这为专利信息分析提供了极大的便利，而且促使专利信息分析方法向智能化和可视化方向发展。

信息可视化技术的优点在其快速发展的过程中得以体现（李运景和侯汉清，2007）：利用信息可视化的方法，可以对纷繁复杂的庞大数据进行直观理解，进而发现一些之前未曾预想到的现象，有时适当的方法可以揭示出数据本身或者人为因素导致的数据错误。

引文分析可视化是信息可视化的一个重要分支，主要是运用数学和逻辑学等科学方法对期刊论文等研究对象的引用和被引用现象及规律进行分析，以揭示其数量特征和内在规律（邱均平，2001）。同时，各种可视化分析软件也开始出现，如网络分析软件 Ucinet、Netdraw、Pajek 等，这些都在较大程度上推动了引文分析可视化的发展。从 20 世纪 90 年代末至今，仅仅是短短十几年时间，引文分析可视化显然已经成为信息计量学的研究热点。

由于研究所借助的可视化软件及引文分析的对象和研究目标的不同，可能出于展示学科结构、追踪学科热点、分析研究方向等意图，图谱展示的方法也有很大差别。总结当今研究中的引文分析可视化图形，主要有聚类树图、二维平面坐标图、三维立体彩色图、网络图等。然而，引文可视化研究也存在一定的问题，主要是：大多是基础研究，应用研究较少；研究者缺乏专业背景知识；分析效果难以衡量，尚未构建引文分析可视化质量评价指标体系；可视化图谱的美观效果还不理想，研究者的绘制技巧有待提高。

2.3　专利引用过程中的知识活动

2.3.1　知识活动的过程解析

由于专利制度信息公开功能的存在，先行授予的专利无疑会给后续的专利提供必要的技术借鉴，后来的专利可以对先行授予的专利进行合理的引用，这直接导致了知识从一个专利向另一个专利的流动。由于引用网络的存在，这个知识流动的过程中的知识并非单调和稳定的，而是不断发生着变化。网络中大规模的知识的活动远比单链的基本专利引用过程复杂，其间蕴含的知识传播、重组等动态活动，为知识单元的转移和新知识单元的产生提供了条件。

图 2.5 描述了一个简化的专利引用过程中的知识活动流程。P_1～P_6 节点代表 6 项专利，箭头的方向代表专利引用引发的知识流动。图 2.5 中显示出两个层次的知识活动。首先是知识的产生与传播。由于一项专利申请被核准时会受到严格的新颖性检查，一项新专利的尤其是发明专利的诞生，一般都代表着新知识的产生。

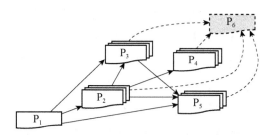

图 2.5　专利引用过程中的知识活动过程示意图

新的知识产生之后，在相当长的一段时间内不会受到其他专利的注意。统计数据表明，一项专利一般会在授予后的第 2 年开始被引用，第 5～8 年达到被引用高峰，以后迅速下降。而在某一时间点，当其他研发人员参考本专利的技术进行新的技术创新进而申请新的专利时，专利引用过程就付诸实现。在图 2.5 中，$P_1 \rightarrow P_2$、P_3、P_5，$P_2 \rightarrow P_3$、P_4、P_5，$P_3 \rightarrow P_5$、P_6 等专利引用过程清晰可见，耦合、共被引等情形也有出现，及至形成了粗具规模的引用网络。P_1 中的知识经过层层流动，可以直接到达 P_2、P_3、P_5 等专利节点，也可能间接流动至 P_4、P_6 两节点。可见，专利引用网络延伸了专利引用过程，拓展了知识流动的渠道，极大地扩大了知识扩散的深度和广度。

其次，在知识流动的过程中，知识本身并非是一成不变的，知识的发展与重组时有发生。

如果说知识的传播乃至发展都属于知识的物理变化，当来自各个方向的知识积累达到一定程度，各种知识融会贯通、互相交织，则有可能产生知识的化学变化，虽然与已有的知识基础无法完全脱离，但崭新的知识组合及新的技术领域有可能就此形成。

2.3.2　莱特兄弟飞机专利案例

为检验并更好地阐述专利引用过程中的知识活动过程，选择学术界公认的影响世界的重大发明——莱特兄弟的飞机专利（US821393）作为对象（杜尔肯，2007），进行实证分析。

1. 知识产生——US821393 专利的出现

1903 年 12 月 17 日，莱特兄弟［Wilbur Wright（1867—1912）和 Orville Wright（1871—1948）］试飞了他们设计制作的第一架飞机，这是人类第一次真正的飞机飞行。人们之所以这样关注莱特兄弟试飞的这架飞机，只因它是一架重于空气的飞行器，它的速度、可操作性、安全性都是前人的发明所不能比拟的，所以，它在人类航空史上是划时代的。然而很少有人知道，在这次试飞前，莱特兄弟在 1903 年 3 月 29 日提出了名称为飞机（FLYING—MACHINE）的美国专利申请，该申请于 1906 年 5 月 22 日被批准（US821393）。莱特兄弟阅读了大量空气动力学文献，学习了滑翔机先驱者德国工程师奥托·李林塔尔的著作，向史密森恩学会（Smithsonian Institution）索取并查阅了他们所能找到的有关航空方面研究的资料，从 1900 年到 1902 年先后制作了三架滑翔机，反复进行试验，取得了其升力、速度、操作、摆动、阻力、平衡等方面大量数据，又进行了风洞试验。在此基础上，形成了飞机的构思，申请了上述专利。

该专利记载的飞机今天看起来似乎很稚拙，甚至在现代人眼中显得可笑，但是它展示了飞机的俯仰平衡、方向平衡和横侧平衡，使飞机在空中可控飞行，显示了强大的生命力。

2. 知识传播——US821393 专利的前向引用状况

通过 exCITEr 软件，可以检索到 US821393 专利的被引状况（截至 2008 年 12 月 31 日）。从软件分析结果可以看到，US821393 一共被直接引用了 5 次，分别是：US4206892、US4484191、US5217189、US5222699、US5681014。图 2.6 展示出 US821393 专利产生之后，知识传播网络形成的过程。

图 2.6 US821393 的前向引用网络图

5 个专利（表 2.1）中 US4206892 专利延续了 US821393 专利的研究方向，继续从事飞机整体设计的研究；而 US4484191 专利则独辟蹊径，吸纳飞机控制系统中的信号处理系统技术进行专业化研究；US5217189注重悬停系统和设备；US5222699 选择了控制界面技术；US5681014 关注螺旋桨的设计。从专业化的角度看，莱特兄弟的飞机专利中很多技术雏形在后续的专利中得到了发展，可以认为知识流动的效果已经实现。检索结果显示，2009 年新申请的一项专利也引用了莱特兄弟的飞机专利，时间跨度已经超过 100 年。尽管此专利从法律意义上来看早已失效，但其对技术发展的影响依旧存在，其实这也正是专利制度的基本功能所在。

表 2.1　US821393 专利前向引用网络中的各个专利基本情况

专利号	专利名称	申请日期	授予日期	UPC
US4206892	Lightweight aircraft（轻型飞机）	1978 年 7 月 24 日	1980 年 6 月 10 日	244/45A
US4484191	Tactile signaling systems for aircraft（飞机的触觉信号系统）	1982 年 6 月 14 日	1984 年 11 月 20 日	340/965
US5217189	Suspension flight control method and apparatus（悬架飞行控制方法和装置）	1992 年 4 月 30 日	1993 年 6 月 8 日	244/233
US5222699	Variable control aircraft control surface（变量控制飞机控制面）	1990 年 4 月 16 日	1993 年 6 月 29 日	244/213
US5681014	Torsional twist airfoil control means（扭转翼型控制装置）	1994 年 10 月 17 日	1997 年 10 月 28 日	244/219

3. 知识的发展与重组——US6422941 专利概况及其引用情况

2002 年，在 US4484191 的前向引用网络中，出现了编号为 US6422941的专利（表 2.2）。US6422941 专利完全脱离了飞机技术领域，成为一项纯粹的偏重民用的新技术。且截至 2008 年 12 月 31 日，此项专利已经被引用了 102 次，展现出蓬勃发展的态势，引领了新的技术方向。US6422941 专利也是在一系列专利的融合的过程中，从初始的 US821393 专利经过 US4484191 专利，才最终出现在世人眼前的。这既代表另一个新知识的诞生和新技术领域的形成，也显示出专利引用过程中知识的发展和重组过程。

表 2.2　US6422941 专利基本情况

专利号	专利名称	申请日期	授予日期	专利分类
US6422941	Universal tactile feedback system for computer video games and simulations（用于计算机视频游戏的反馈系统）	1997 年 9 月 23 日	2002 年 7 月 23 日	463/30

图 2.7 为飞机专利的说明图形，图 2.8 为面向游戏机等应用的信息信号技术说明图形。图 2.7 和图 2.8 展示了从 US821393 飞机专利到 US6422941 游戏机专利跳跃式的知识转折过程。

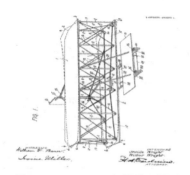
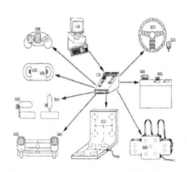

图 2.7　US821393 专利说明图形　　　图 2.8　US6422941 专利说明图形

当然，通过其他分析结果也可以知道，知识发展与重组的出现并不是单链式的。比如，US4484191 专利并非只引用了 US821393 专利，而是通过对诸多已有成果进行有选择的萃取整合之后才产生了新知识单元。具体如图 2.9 所示。

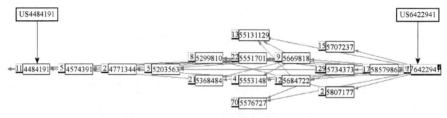

图 2.9　US6422941 的后向引用网络图

通过上述分析我们可以看到，在专利引用的过程中存在着知识的产生与传播、知识的发展与重组等知识活动，尤其值得注意的是重组之后知识的跳跃式的转折，已有的知识经过多方作用产生出与原有知识单元截然不同的新知识单元，并引发了新的技术应用领域的出现。由此可以大胆联想到科学范式的变化。库恩（1980）在《科学革命的结构》中，以科学发展的实际历史过程为基础，分析科学的动态变化过程，认为科学发展有着复杂的结构，是由历史的社会形式科学共同体所取得和遵从的科学规范（paradigm，又译为范式）不断更替所形成的科学革命作为核心而展开的。库恩把科学发展看成科学革命的历史过程，科学在未形成统一范式之前处于前科学时期；范式形成之后，进入常规科学时期，人们在科学共同体中按范式解题，是范式积累期；发展到一定阶段，出现反常和危机；人们寻求新的范式取代旧范式，导致科学革命的发生；之后，迈进新范式下的新的常规科学期。因此，科学发展本质上是常规科学与科学革命、积累范式与变革范式的交替运动过程。

如果将专利作为技术的代表，也可以发现，技术的发展过程也存在着范式形成、积累、变革及新范式产生的过程。一项专利引用了其他专利，这是一个知识输入、积累和范式形成的过程，一项专利被其他专利引用则是一个知识输出、范式积累和转变的过程。假设以莱特兄弟的专利作为源头，知识从此输入，范式由此形成；则经过引用、融合之后形成了 US4484191 专利技术，知识得到了扩散，范式也得到积累，然后经过引用、融合之后又形成了 US6422941 专利，知识重组，范式也发生了改变。如图 2.10 所示，新专利 US6422941 获得了相当数量的前向引用，引领了新的技术范式的发展。

我们通过专利引用过程初步分析了知识活动过程，尝试性地从历史案例中提炼出技术变革过程中范式的变迁。至于库恩所说的革命，需要在更大历史尺度的层次上进行分析才有可能获得验证。巧合的是，技术革命往往来源于科学革命并表现为新技术的产生及技术应用领域的转移，最典型的就是军工技术向民用技术的转移，而在本节研究所采用的案例中，也出现了类似的转移。

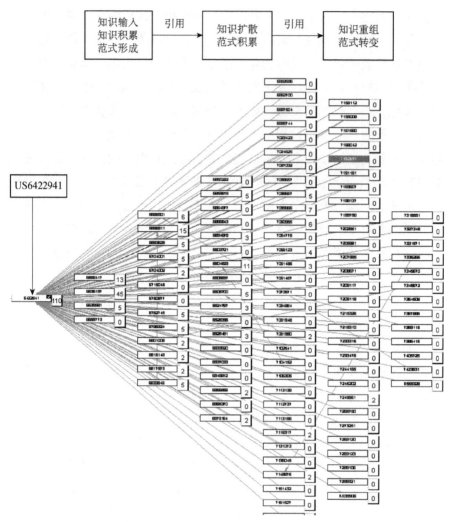

图 2.10   US6422941 前向引用网络示意图

2.4   基于专利引文的技术进化树

巴萨拉（2000）在《技术发展简史》中写道，达尔文发表《物种起源》不久，马克思就呼吁写一部以进化论学说为参照的技术史评注。通过对生物界和人造物世界的比较，马克思认为应该将进化论解释运用到动植物赖以生存的器官和人类用来维持生命的技术手段上。作为技术进化研究的集大成者，齐曼（2002）在《技术创新进化论》一书中清晰地指出"技术创新是一种进化过程"，系统揭示了技术演进的进化特征，将遗传、变异、选择、适应等概念植入到技术演化研究当中，从此掀起了技术进化研究的新高潮。

为便于将生物进化与技术进化更好地对应，齐曼在著作中引入了道金斯所提出的麋母（meme）的概念，用以形容技术的遗传信息。他认为"麋母"是一个抽象的、隐喻的概念，"适用于实际人工制品的技术'麋母'可以被独立地进行传递、存储、恢复、变异和选择"。"麋母"作为技术严格的对应，能够较好地隐喻分子层次的生物进化并解释微观层次的技术进化的问题，如基因型和表型之间的关系，也揭示出生物进化和技术进化之间严重的"非相似性"。针对此"非相似性"，齐曼论述道：在技术进化中，"麋母"经常重组，并且多血统是通则。没有任何生物有机体能够像计算机芯片那样，结合了来自化学、物理学、数学和工程学等众多不同领域中的基本思想、技术和材料。生物体向独立物种的分化是达尔文进化论的核心，但技术制品的"进化树"看起来更像一个神经网络，而并非一个系统树。无独有偶，巴萨拉也借用人类学家克虏伯的"系谱树形图"解释了有机体与人造物之间的关键性区别。他认为生物进化的树形图是由分开叉而构成新物种的独立枝条构成的，各枝条是彼此独立的，而人造物树形图是一种怪异的植物种类，独立的枝条交融在一起产生新的类型。

齐曼和巴萨拉都指出了技术进化树与生物进化树的最大区别，即技术枝条之间相互连接并生成新的实体，这反映出技术物种之间融合的普遍性，也是生物物种进化所不可想象的。但是，齐曼和巴萨拉提到的技术进化树是以技术制品和人造物为对象的，用进化论的术语来表示，属于表型层次而并非基因层次。对照生物学的发展进程，根据蛋白质的序列或结构差异关系构建的分子进化树已经展示出生物进化的微观图景（毛荐其，2009），但基因层次的技术进化树是如何形成和发展的，却仍然停留在概念阶段。齐曼虽意识到技术制品进化树的特征受到技术"麋母"影响，却并未直接对基因层次的遗传、变异等技术进化活动进行详细论述。基于此，本节将站在技术进化的基因层次，选取相应的研究对象作为技术进化树的基本节点，借助专利引文分析等可视化手段，阐释技术进化树的微观演化特征、演化动力等基本问题。

2.4.1　基于专利引文的技术进化树的构建原理与方法

按照莫克尔的观点，在生物学中，底层结构是基因型，而显示性实体则是表型。在进化认识论中，底层结构是知识基础。莫克尔的观点启发我们，只要能找到知识的有效载体，就能通过载体间的相互关系，寻找到构建基因层次的技术进化树的途径和手段。

我们知道，波普尔曾提出过世界 3 理论，即将世界划分为物理状态的世界、精神状态的世界和客观知识的世界。情报学界认同了世界 3 的存在，把客观知识世界当作一个独立的特定范畴加以研究，具体的研究对象包括图书文献资料等客观知识的载体。国内学者庞杰（2011）依照此理论将科学知识和技术知识加以区分，并分别将科学论文和专利文献作为两类知识的载体展示了文献引用网络中的知识流动，体现出文献引文分析在知识活动分析中的可行性和有效性。多西（Dosi，1988）将视角聚集在技术轨道识别的实证研究上，指出从专利引文网络中可衍生出"技术轨道"。休谟和道恩（Hummon and Doreain，1989）提供了一种从文献引文网络中探寻关键路径的定量和可视化方法，验证了多西的看法的可行性。沃斯培根等先后针对燃料电池技术和以太网技术，开展了基于专利引文网络的技术轨道识别研究的开创性研究工作（Verspagen，2007；Fontana et al.，2009），形象地展示出特定技术领域技术进化的过程和路径。上述学者的工作都将专利文献作为技术进化研究的基本节点单位，体现出专利文献与专利引文分析在研究技术知识活动中的合理性及可行性（许琦，2013）。

尽管如此，对于专利文献在技术进化树中的地位和作用，我们还需要结合案例重新进行一下梳理。图 2.11 是一项美国专利 US2929922 的前向引用图，箭头代表因引用所发生的知识流动的方向，每个节点都是一项专利（文献）。知识从 US2929922 专利流向了其他 20 项专利，其他 20 项专利都从源专利的知识集合中获得了相应的知识片段，这是一个遗传的过程。而根据专利的三性原则，每一项新的专利与旧有专利相比都必须具备相应的新颖性和创造性，即要与源专利有明显的区别，这是一个变异过程。放大 US4746201 专利，回溯其形成过程。图 2.12 是 US4746201 专利的后向引用图，当然目前能绘制的只是该专利引用其他美国专利的情况，而对于其对别国专利和科学论文、图书的引用情况还无法大规模展示。比如，US4746201 专利还引用了 9 项英国专利和 11 篇科学论文。即便这样图 2.12 也足以证明，US4746201 专利不但从 US2929922 专利中获得了知识片段，而且从其他 10 项专利中获得了知识片段，这些知识片段重新组合，就形成了新的知识集合，使 US4746201 专利表现出与 US2929922 专利不同的功能特征。US2929922 的发明人是汤斯和肖洛，此二人是激光技术的最早的发明人，US2929922 专利正是激光技术的最源头的技术始祖。US4746201 专利则是一项激光技术中的偏光装置，虽仍属于激光技术序列，但与汤斯等的技术装置已经有较大不同。

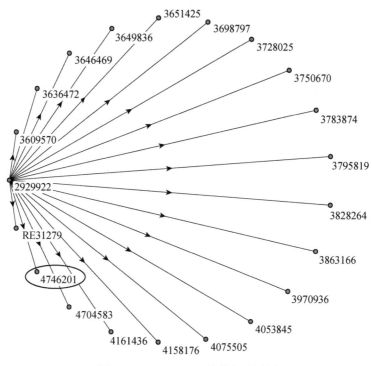

图 2.11　US2929922 的前向引用图

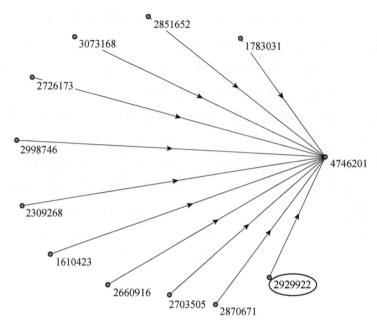

图 2.12　US4746201 的后向引用图

　　基于上述分析，可以认为：从进化论的角度来看，可以将一个专利文献对应于一种DNA。尽管这一类比并非毫无挑剔，但也具备相当的合理性。这是因为，每一个专利文献都与其他专利文献有着明显的差别，而在生物体中，这种差别的根源正好在DNA层次上。如果将专利文献定位在DNA层次，那么其中所蕴含的知识就可以被定义在基因层次，看作技术"縻母"。简单来说，技术"縻母"就是那些具有遗传信息的知识片段的集合。这种片段可以理解为赵红州先生所说的知识单元。不同的知识单元按照一定的方式组合运转起来，就表现出特定的功能特性。虽然还无法描绘出类似DNA双螺旋那样的普适的组织结构，但对于特定领域的技术进化树的研究，则可以具体问题具体分析，从技术原理、要素及其结构等几个维度来剖析技术进化过程中知识流动的内在机理和影响结果。

　　按照此逻辑，可以理顺生物进化和技术进化之间的诸多关系。首先是基因型到表型的关系。专利形式的技术被认为是智能技术，需要特定的条件才能转化为现实技术。当专利中的技术知识物化为现实技术之时，就实现了从基因型到表型的转化过程。技术进化中知识进化和人工物进化的过程并不是完全对应的，很多专利并没有转化为人工制品就迅速被忽视了，但这不影响其在技术知识进化中的作用。其次是遗传和变异的关系。遗传来自知识从上一代到下一代的流动，这种流动主要是通过引用实现的。变异是新知识产生所导致的，新知识在原有知识的基础上产生，是原有知识的各个片段经过重新组合而来的。也就是说，知识流动过程中不但有知识转移的物理过程，也存在着知识融合的化学过程。最后，虽然无法准确测定专利文献中知识的数量、结构，但进化树构建的目的不外乎判断不同节点之间的亲缘关系，而专利引文分析天然地能够将节点之间的时间顺序和关系清晰地展示出来。因此，不必费心地去分析不同节点之间的差异性以明确其相互关系，只需找到确定的源头，就能够绘制相应的技术进化树。

2.4.2 基于专利引文的技术进化树的演化特征解析

图 2.11 实际上展示的是 US2929922 专利演化的一代进化树。除源专利之外，一代进化树中包含 20 个节点和 20 条连线，各条连线之间是相互独立的。为描述方便起见，只从 US2929922 专利出发单向度地绘制进化树，对于进化树中的每一个节点，只考虑其与此进化树中节点的相互关系，而不将其他知识来源节点绘制在内。

借助 Pajek 软件，利用检索到的专利引用信息绘制 US2929922 专利的二代进化树，即将第一代 20 个节点的前向引用情况再展开，形成一个以 US2929922 为核心的二阶关系图，如图 2.13 所示，其中包含 446 个节点和 754 条连线。在图 2.13 中，进化树的各个节点之间已经显现出相互的连接关系。如右上角的 US4564011 专利，就是 US3750670 和 US3783874 相互交融的结果。为更清楚地展示二代进化树的特征，变换显示方法，只显示二代进化树的结构而不显示节点标记，生成图 2.14。图 2.14 清晰地展示出以 US2929922 专利为核心所形成的技术进化树及其演变过程。这与巴萨拉所提到的人造物进化树的特征是一致的，如图 2.15（b）所示。

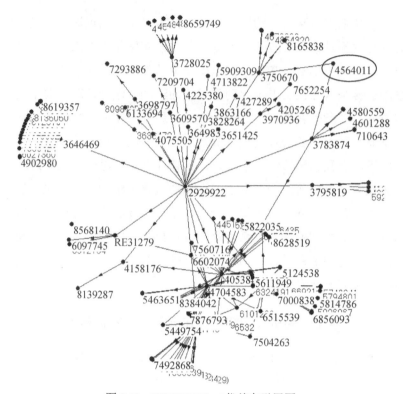

图 2.13　US2929922 二代前向引用图

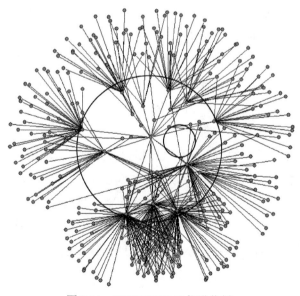

图 2.14　US2929922 二代进化树

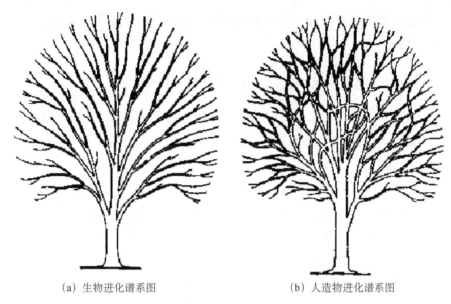

（a）生物进化谱系图　　　　　　（b）人造物进化谱系图

图 2.15　巴萨拉的生物进化树和人造物进化树

　　虽然只绘制到技术进化树的第二代节点，也未将每个节点的信息更充分地展开，但这已经能够展示出基因层次的技术进化树的鲜明特征。首先，正如齐曼所指出的那样，技术进化中"糜母"之间经常重组，而且重组的"糜母"之间存在着明显的差异，甚至代表着不同的物种。在生物学中，即便两个物种之间能够繁育后代，但其后代不能具有继续繁育的能力。而在技术进化过程中，可以看到这种障碍是不存在的，甚至有研究表明，越是差异较大的物种之间交融而成的新的知识，其创造性越大。其次，不但同代的节点之间可以相互交融，不同代次的节点之间也会发生代际交融。因此，在基于专利的技术进化树中，代际的间隔并不明显构成障碍，有些很古老的知识往往也会重获新生，和新近的知识一起成为新知识生成的温床。再次，在人造物进化树中，一个节点分化成多个节点的数量也是有限的，而在专利进化树中这个数量理论上是无限的。目前可知的被引次数最多的专利，其前向引用次数可以达到 3000次左右，可以认为它能够直接分化出 3000 个其他的物种，这在生物界是极为罕见的。最后，如前所述，作为知识基础层次的进化过程，其复杂程度远远超过人造物。对于不少专利进化树来说，如延伸至第三代，其节点数量就将数以万计，需要利用一定的技术手段才能够识别出其中的主要路径。

2.4.3 基于专利引文的技术进化树的演化动力

从专利进化树的演化过程来看，本质上是由知识的活动所推进的。旧知识中的知识单元游离出来，发生重组形成新的知识集合，这展现出知识进化的自主性的一面。没有得到引用的专利悄然隐退，其他专利之间不断发生引用关系，将进化过程向前推演。这类似于生物体的进化过程：自然界随机地发生着遗传和变异过程，自然选择淘汰那些不适应的物种，而那些适应性较强的物种则生存下来，这也是达尔文所认为的生物进化的动力所在。但在马克思的技术进化观中，技术进化不是自我繁衍，而是由意志引导、有意识的、主动的人类活动控制的一种进程，而且受到决定历史的力量的塑造和修饰。依照达尔文和波普尔的逻辑，人的大脑作为一个精神世界，有大量的知识想要占据它，最终部分知识达到了目标，而其他的知识都被抛弃了。从技术创新过程来看，只有被发明人选中的部分知识会被纳入技术研发的过程中，再经过遗传和变异过程，导致了新技术基因的形成。卡尔森在《技术创新进化论》的第十一章利用爱迪生如何开展电话发明工作的案例形象地展示了爱迪生电话机技术方案形成过程，他认为爱迪生在发明过程中扮演了遗传工程师的角色，主导了技术基因"杂交"过程。这启示在技术基因层次上，真正起"选择"作用的主体是一个个的发明人个体，是他们的决策和行为引发了技术基因的遗传和变异。

图 2.16 描述了一个底层知识基础的进化示意图（陈家琪和王德耀，2004），我们可以借此描述人在其中的主导作用。首先，专利发明人建立了一个技术问题，为了解决这个问题，他必须构建一个知识集。这需要从客观知识世界中进行搜索，然后选择出相应的科学知识和技术知识作为可用的知识集。这表现为专利对其他专利或科学文献的搜索和引用过程。紧接着，他从选取的可用知识集中抽取相关的知识单元，基于自身的知识结构和智力水平对其进行重新组合，为解决技术问题提供新的知识集合。所不同的是，专利还必须具备实用性，这种新的

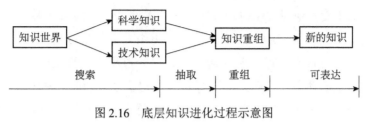

图 2.16　底层知识进化过程示意图

知识还必须具备强烈的可表达性，即通过简单的转化就能够成为现实的技术形态。

学者们普遍认为科学的推动、社会需求的拉动及技术体系内部的矛盾是引发技术发展的主要宏观和微观动力，这与发明人的选择作用并不矛盾。事实上，发明人的选择决策正是在这些力量的推动下而最终实现的。基本逻辑是：技术体系内部的矛盾使得发明人意识到问题的存在，这促使他们去搜索知识世界以提出解决方案。在这个过程中，新的科学知识的出现能够为解决技术问题提供更加新颖和根本的思路，而原有的技术知识能够为解决技术问题提供坚实的知识基础。在已抽取的知识按照何种方式重组的问题上，发明人还间接地受到社会需求的影响，他会尽量面向社会需求设计新知识的表达手段。所以说，基因层次的技术进化与人工制品层次的技术进化是有区别的，在这个层次上发明人的个体选择作用对技术进化的作用更加直接和明显。

可以结合汤斯的 US2929922 专利对上述过程作一具体阐释。汤斯和肖洛因雷达研究遇到了如何产生微波的问题。汤斯受到爱因斯坦受激辐射理论的启发，利用分子振荡实现了微波乃至可见光的放大，导致了激光技术的出现。在此过程中，汤斯选择了爱因斯坦的科学理论作为新的技术原理，他的助手们尤其是肖洛选择了法布里-珀罗干涉仪等技术装置实现了汤斯的技术设想，从而构建了完整表达激光技术的整个知识集合（杨中楷等，2009）。后续的其他专利也都大多遵循这个过程，都将汤斯的源头技术作为借鉴和参考。从技术发展的脉络来看，源头专利一般受到科学理论的影响较大，而后续专利更多地注重通过改进结构提高性能，受到的社会需求的影响也逐渐增加，体现出发明人在外力作用下决策结果的变化趋势。

总的来看，专利进化树是发明人在多种外力因素综合影响的背景下，通过发明人的识别问题、搜索、抽取、重组知识、形成新的可表达的知识一系列的过程而实现不断演化的。在这个过程中，直接的动力来自发明人的主观能动性，发明人的选择决策决定了进化的路径和方向。

综合上述分析，可以得到如下结论：首先，遗传、变异等生物进化过程中的基本活动在技术进化中同样存在。以专利及其引用为法则的底层知识中的遗传、变异活动，构成了技术进化树形成和演化的环节。其次，技术进化树与生物进化树有着鲜明的差异性。在技术进化树中，节点之间的交流障碍理论上是不存在的。不同种类、不同代次的节点都能够发生交融，且越是差异性较大的节点越容易产生创造性很强的新的知识。最后，按照一般的说法，生物进化是随机的，是自然选择的结果。技术进化则是有目的的，是人为设计的结果。发明人推动了技术进化的进程，他的选择直接影响了技术进化的方向。

从微观上来看，发明人的行为有随机性，但如果能够把握技术进化的总体过程，就会对特定领域的技术发展趋势做出一定程度上的预测。同时，如将个体专利放在进化树中进行考察，也能够对其技术价值和意义有更加清晰的认识与评价。因此，应该利用各种技术手段，把握特定领域技术进化的整体图景和局部特征。一方面，可以为技术发明人进行技术研发活动提供选择依据；另一方面，也能够为政府部门制定科技政策和发展规划提供情报参考。当然必须要提到的是，本节所提供的以专利为基础的技术进化过程，只是对技术进化过程的一种解读，虽能够部分解释技术进化的基本问题，也只能算作一种尝试。对技术进化过程及其与生物进化过程的对比研究，仍旧需要更多更有效的思路和手段的介入，才能更加全面揭示技术进化的内涵和特征。

2.5　专利引文分析的制度基础

根据张五常（2002）的说法，经济学家关于专利的观点始终是充满矛盾的。在专利制度产生之后，对于专利制度的争论就开始了。一种观点是由边沁（Bentham）提出的，认为专利是鼓励发明所绝对必需的，萨伊（Say）、穆勒（Mill）和克拉克（Clark）也持同样观点。第二种观点由陶西格（Taussig）提出，庇古（Pigou）也持同样观点，认为专利制度基本上是多余的。第三种观点由普兰特（Plant）提出，认为专利制度实际上是有害的，这种观点存在一些现代的追随者。贝尔纳（1982）在《科学的社会功能》中说，由于专利法是一个严重干扰科学成果应用过程的因素，专利法与专利制度应该被废除。最后，阿罗（Arrow，1962）部分地利用霍特林（Hotelling）和萨缪尔森（Samuelson）的著作证明，尽管专利保护明显有用，但效果还是比政府直接投资发明活动要差。

本节并不针对学者们的论点进行辩驳，而是试图用案例来说明：尽管专利制度引发了竞争及一定时期的垄断，但实际上即便是存在激烈竞争的对手之间，也存在着由信息公开所提供的互相借鉴和学习，并共同推动着本技术领域的发展。这也是专利引文分析产生的基础和目的所在。所选取的案例是经典的激光专利案例，采用的主要方法是源于专利制度框架下的专利引用机制所发展而成的专利引文分析法。

2.5.1 "垄断"和"公开"——专利制度的基本特征

专利（patent）作为一个法律上的概念，源自英文"letters patent"，意指由英国国王亲自签署的带有御玺印鉴的独占权利证书。由于这种证书的内容是国王授予某人对某项技术享有的独占权，同时这种证书没有封口，任何人都可以打开观看，即证书中的内容是公开的，"patent"的本意包含两个意思：一是"垄断"；二是"公开"。正因为如此，"垄断"和"公开"成为专利制度的两个最基本特征（吴欣望，2005）。

一般意义上的创新知识成果是一种公共产品。由于"搭便车"效应，自由竞争环境下的私人对公共品的提供数量低于社会最优供给量，这必然会引起对创新的模仿以致对创新者收益造成损害。当潜在创新者预感到这种不利状况的存在，他们将丧失继续创新的热情，最终结果是社会无法激发创新或者无法获取能保证社会得以发展的足量创新。为此，社会必须采取行之有效的措施来激励创新活动或者对创新活动进行补偿，来保证创新者的所获收益与创新对社会的贡献是平衡的。而对创新者进行补偿的最简单、最便宜的，同时也是最有效的方式，就是授予其一定时间期限内的垄断权。"垄断权"机制作为对发明创造的一种奖励，在对发明人的持续创新激励方面是颇有成效的，并能提高创新的传播速率；但值得注意的是，该机制也对新知识的有效使用存在一定的负面影响（Nordhaus，1969）。

早期专利制度的另一个目的是促使手工艺者把自身具备的手艺带到英国并培训新学徒。如果没有专利保护，这些技艺只能以家族秘密的形式世代相传，缩小了传播范围，减少了由非竞争性知识的公共扩散产生的潜在社会福利。虽然未经专利持有人许可，他人不得为了经济目的而使用专利知识，但专利制度引致的"公开"仍然为同一个领域中的其他创新者提供了丰富的信息（David，1994）。专利申请中所公开的信息增加了某一领域中的通用知识储备，使其他研究者获得有关发明的新观点，得到对后续创新的重要启示，并将之用于进一步的发明活动，最终提高了整个社会的创新水平。由此看来，专利减轻或排除了对一项发明的单纯模仿，但它不会排除专利知识对后续发明的外部性。

在获取垄断权的过程中会产生所谓的专利竞赛活动。从专利竞赛的参与者关系角度来推断，越是竞争激烈的专利权人则越有可能拥有相似技术，因此也越有可能分享技术信息公开所带来的外部性。

2.5.2　竞争——历史视角的四个激光专利之争

LASER 一词是由英文 light amplification by stimulated emission of radiation 各单词首字母组成的缩写词，意思是"受激辐射的光放大"。在 1916 年，爱因斯坦就从理论上预言了受激辐射的存在，即一定频率的电磁波可以"刺激"受激原子或分子，使之跃迁到低能级并产生更强的电磁辐射。激光的英文全名已完全表达了制造激光的主要过程，1964 年按照我国著名科学家钱学森的建议将 LASER 称为"激光"（樊春良，2002）。

我们选取美国发明家名人堂（National Inventors Hall of Fame）所认可的激光专利成果来作为考察对象。美国发明家名人堂由美国专利商标局（United States Patent and Trademark Office，USPTO）于 1973 年创办，用以提升发明家的社会公众认知度，激励学生的创新能力并且达到尊重知识产权的目的，第一届获奖者是著名的发明家爱迪生。在获奖名单中，激光技术历史上的几个重要人物都因其所拥有经典专利入围，我们选择 1960 年的汤斯和肖洛、1967 年的梅曼、1977 年和 1987 年的古尔德及他们的激光专利来进行分析（杨中楷等，2009）。具体信息如表 2.3 所示。

表 2.3　四个激光专利简介

专利号	专利名称	申请日期	授权日期	专利权人
US2929922	Masers and maser communications system（脉塞及脉塞通信系统）	1958 年 7 月 30 日	1960 年 3 月 22 日	汤斯、肖洛
US3353115	Ruby Laser system（红宝石激光器）	1965 年 11 月 29 日	1967 年 11 月 14 日	梅曼
US4053845	Optically pumped Laser amplifiers（光泵激光放大器）	1974 年 8 月 16 日	1977 年 10 月 11 日	古尔德
US4704583	Light amplifiers employing collisions to a population inversion（应用粒子数反转碰撞的激光放大器）	1977 年 8 月 11 日	1987 年 11 月 3 日	古尔德

1. 汤斯和肖洛的激光专利

1958 年，肖洛和汤斯在物理评论上发表了一篇名为 "*Infrared and optical masers*" 的论文。两年后，肖洛和汤斯获得了激光发明的专利（Masers and maser communications system，脉塞及脉塞通信系统），专利号为 US2929922，并以此入围美国发明家名人堂。1964 年，"由于在量子电子学领域中的基础工作导致基于 Maser-Laser 原理的谐振器和放大器的发明"，汤斯与莫斯科的莱博德夫（Lebedev）学院的普罗霍罗夫（A. Prskhorov）和贝森（N. Bason）共同获得该年度的诺贝尔物理学奖。1981 年，肖洛也因其对激光光谱的贡献荣获该年度的诺贝尔物理学奖。

2. 梅曼的红宝石激光专利

1960 年 5 月 15 日，梅曼宣布获得了波长为 0.6943 微米的激光，这是人类有史以来获得的第一束激光，梅曼因而也成为世界上第一个将激光引入实用领域的科学家，并于 1967 年获得 US3353115 专利，借此入围美国发明家名人堂。但 1964 年的诺贝尔物理学奖没有授予发明了世界上第一台激光器的梅曼，而是给予此前发明了微波激射器并提出激光器原理与设计方案的汤斯等人。后来梅曼两次获得诺贝尔奖提名，并荣获物理学领域著名的日本奖和沃尔夫奖。

3. 古尔德的激光器专利

1957 年 10 月，古尔德得知汤斯正在进行的工作，于是请一位公证人将自己的笔记签封。这个笔记本的确载有他的初步设计和计算过程，还包括 LASER 的名称和定义。作为可能是第一个完成激光构想的人，虽然古尔德立刻将此笔记拿去申请专利，但是律师告诉他要想得到专利，必须先将此构想实用化，于是他在与汤斯的全球首个激光专利争夺中处于下风。终于在 1977 年 10 月，古尔德获得 "Optical pumped of Laser"（US4053845）部分专利权。1978 年获得激光应用的第二个专利（Light amplifiers employing collisions to a population inversion，US4704583），并将部分的专利权卖给 Patlex 公司。由于各种原因，1983 年古尔德的专利被取消，但是 1987 年他重新赢回专利权，之后许多公司在法庭外与 Patlex 达成和解，包括柯达（Eastman Kodak）及克莱斯勒（Chrysler）。1987 年 10 月，古尔德获得第三个专利权 "Gas-discharge Lasers"。1988 年获得第四个专利权 "Brewster-angle windows for Lasers"。这四个专利奠定了古尔德在激光技术史上的地位，并为他带来丰厚的收益。他也凭借前两个专利成果入围 1991 年的美国发明家名人堂。

之所以选择上述四个专利进行分析，是因为这四个专利都是激光技术史上的经典专利，更重要的则是因为激光技术史上最有名的专利之争就发生在上述四个专利及其所有人之间。尽管梅曼是第一个将激光引入实用领域的科学家，但在法庭上，关于到底是谁发明了这项技术的争论，曾一度引起很大争议。竞争者之一就是"激光"一词的发明者古尔德，他在攻读哥伦比亚大学博士学位时就已经提出了这个词。与此同时，微波激射器的发明者汤斯与肖洛也发展了有关激光的概念。经法庭最终判决，汤斯因研究的书面工作早于古尔德 9 个月而成为胜者。在法庭辩论中，有关火星大气中是否存在红外激光自然现象的证据也被提出来以证实发明的有效性。后来的事实证明，激光专利为汤斯和肖洛带来了丰厚收益，而这都是因为其在激光专利竞争中所获得的优势地位。梅曼的激光器的发明权未受到动摇，但其一生未获得诺贝尔奖则也是因为与汤斯和肖洛的竞争中败下阵来。可见，无论是在专利制度还是科研评价体系中，对一项技术的首创是何等重要，只要在竞赛中取得胜利往往会产生"赢者通吃"的效应。

2.5.3　共存——引用视角的四个激光专利考察

作为激光技术史的经典专利，四项专利都获得了较高的前向引用，分别引领了激光技术的向前发展。图 2.17 显示，专利 US2929922 获得了 20 次前向引用，也就是说此项专利为其余 20 项专利提供了在先的技术参考。

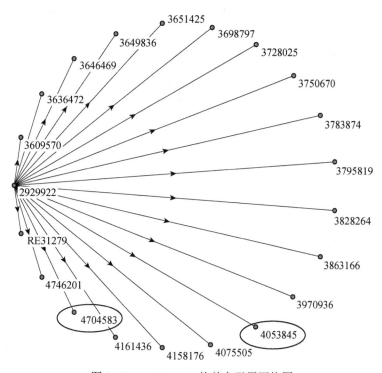

图 2.17　US2929922 的前向引用网络图

颇具深远意味的是，在引用 US2929922 专利的其他专利中，也包括了 US4704583 专利。也就是说，古尔德的一个专利也引用了汤斯和肖洛的专利，联想到双方在激光专利上的竞争，这似乎是不可想象的却又合乎情理。虽然双方在专利竞赛中处于对立，但从技术层面来看确是处于相同的轨道，虽然时间上的出现略有前后，但内在的一致性和继承性是无法避免的。假设古尔德本人并不愿意引用汤斯的专利，但审查员也会依据技术的发展规律来进行检索并标引。

为进一步探究四个激光专利之间的联系，利用 Pajek 软件绘制社会网络关系图谱。图 2.18 展示了四个激光专利因为引用所产生的相互关系。左边的专利群由 US4704583、US4053845 专利及引用这两个专利的其他专利所构成。由图 2.18 可知，中间部分专利同时引用了 US4704583、US4053845 专利，这说明古尔德的两个专利共同为整个激光技术领域的发展提供了知识储备。右边上方的专利群是由 US2929922 专利及引用它的专利所构成的，由于 US2929922 对 US4704583、US4053845 的在先借鉴作用，两个专利群之间形成了联系。需要注意到的是，汤斯和古尔德的专利之间并非只有直接的联系，图 2.18 中的 US4158176 专利同时引用了汤斯和古尔德的 US29299223、US4704583、US4053845 这三个专利，这一联系超越了单纯讨论汤斯和古尔德之间是竞争还是共存的问题，将视角拓展到了整个技术领域的发展路径层面。从宏观来看，某一技术领域的发展往往是由众多可能存在着相反相成关系的单元技术通过后续单元技术的不断融合而逐渐完成的。

图 2.18 中右下角的专利群是由梅曼的 US3353115 专利及引用它的专利所构成的，此专利群与上述三个专利所形成的专利群没有发生引用关系，独自引领了激光技术领域某一特定技术的发展。需要注意的是，这也可能是由数据提取造成的，因为 1976 年以前的专利数据由于保存格式问题，引用记录的提取比较困难。

即便是现有的技术无法提取早期数据，也可以通过进一步的分析来探究专利间的相互关系。我们知道，上述专利前向引用图谱所绘制的都是一级专利引用关系，即只考察 US2929922→US4158176 等若干个关系。如果将引用关系拓展到二级层次，即考察 US2929922→US4158176→US4344042 等若干条途径，那么专利间所形成的引用网络将会产生更多的联系。如图 2.19 所示，原本孤立的 US3353115 专利群与中间的 US4704583、US4053845 专利群产生了联系，并间接与 US2929922 产生了联系。其中一条路径是 US3353115 → US3928815 → US4590598← US4053845，另一条则为 US3353115 → US3928815 → US4590598←

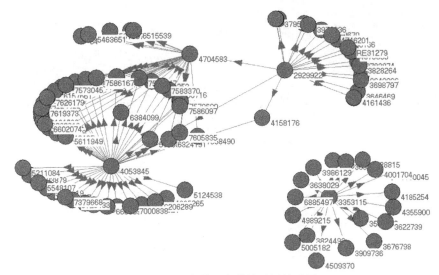

图 2.18　四个激光专利的引用关系图

US4704583。也就是说，US4590598 起到了串联 US3353115 专利群和 US4704583、US4053845 专利群的作用，两个专利群共同成为它的参考知识群。图 2.18 和图 2.19 的结果表明，或许某一时段某几项技术之间可能并不直接或者间接相关，但是在它们未来的发展路径上，可能会出现它们本身或者其前向引用专利共同被某一其他专利所引用的现象，导致原本独立的技术发展轨迹出现交点。从知识活动的角度来解释，专利引用网络中不但存在着知识的扩散，更是存在着知识的重组，这将直接导致新知识的产生（杨中楷等，2010）。

　　图 2.17～图 2.19 所展示的专利技术间从互不相干至相互联系的发展轨迹，展示出一幅清晰的专利制度框架，其中包含着竞争与共存现象的发展图景。

　　一方面，科学家为获得科技成果的首创资格展开科技竞赛，在专利竞赛中获胜的发明人不但可以获得荣誉，还将获取专利所带来的利益。从这个角度来看，无论是科学家还是发明人之间往往处于相互竞争的位置，连带着其所拥有的创新成果似乎也处于对抗态势。另一方面，专利引用超越了专利所有人之间的竞争关系，通过专利间的互相参考借鉴，不同的专利之间产生了紧密联系，即便是所有权人具有竞争关系的专利之间，也可以相互依存，共同推动整个技术领域向前发展。

图 2.19 四个激光专利的二级引用关系图

专利引用过程所展现出的专利制度的基本特征,超越了以往分析方法局限在非此即彼的思考范式,从评价专利制度的优劣转而深入到如何在现有制度框架下推动技术的全面发展,更多地将视角从调整人的竞争关系聚焦到技术的共存与和谐发展,为重新审视专利制度提供了更为广阔和开放的视角。从分析结果来看,专利引用机制对于专利制度的合理运行有着极为重要的作用。

从专利引用研究所涉及的对象来看,主要涉及专利主体之间、专利技术之间的关系研究。这种关系是依靠知识的流动来维系的,在知识流动过程中,存在着知识的物理和化学变化,存在着知识的传播和重组过程,这引发了技术的遗传和变异,从而导致了技术的进化。基于专利引文分析,可以描述专利主体之间因专利引用所发生的知识扩散,并可借此测度主体之间的关系。基于专利引文分析,可以描述专利技术之间因专利引用所发生的知识扩散,并借此测度专利在技术门类之间的关系,发现知识融汇的宏观特征。基于专利引文分析,可以追踪专利技术之间的知识重组进程,并绘制大尺度的专利引文网络,通过对网络中的主要轨道进行辨识,就能够发现因引文关系所形成的技术进化轨道。当然,专利之间的引文关系并非引文分析的全部,利用引文数量、引文网络中点入度、点出度及其他衍生指标可以对专利技术及主体的技术实力进行评价，正如论文影响因子等指标所体现出的作用那样。

遗憾的是，并不是所有国家都会涉及专利引用的问题。美国作为世界上专利制度最发达的国家，较早开始了专利引用规定的实施和研究，而我国的专利文献中至今仍没有涉及引用相关的条目。国家知识产权局虽有过尝试，却未常态化和制度化，国内也有学者进行了引文数据库的建设探讨（黄迎燕等，2004），至今也未实施。在我国实施国家知识产权战略的今天，应尽快建立和运行适合我国专利制度的专利引用机制和相应的引文数据库，更有效地促进技术知识的扩散和传播，为建设创新型国家提供支撑平台。这也意味着，引文分析的实证研究多数是以美国的专利数据为主，我们将尽可能地发掘其中的中国元素，不但为学术研究提供研究范例，也争取为我国专利事业的发展提供数据支撑。

参考文献

巴萨拉 G. 2000. 技术发展简史. 周光发译. 上海：复旦大学出版社.

贝尔纳 J D. 1982. 科学的社会功能. 陈体芳译. 北京：商务印书馆.

陈家琪，王耀德. 2004. 创新动力的哲学考察. 自然辩证法研究，20（10）：52-54.

道金斯 R. 2012. 自私的基因. 卢允中，张岱云，陈复加，等译. 北京：中信出版社.

邓中华. 2008. 社会网络、引文网络和链接网络之比较. 图书馆杂志，27（9）：6-10.

樊春良. 2002. 激光：从发明到应用. 自然辩证法通讯，（4）：51-58.

黄迎燕，庞景安，李建蓉. 2004. 中国专利引文数据库的设计与应用. 情报学报，（2）：216-224.

库恩 T S. 1980. 科学革命的结构. 李宝恒，纪树立译. 上海：上海科学技术出版社.

李运景，侯汉清. 2007. 引文分析可视化研究. 情报杂志，26（2）：301-308.

刘晨. 2009. 专利信息获取与分析系统关键技术研究. 北京：北京工业大学硕士学位论文.

毛荐其. 2009. 产品研发微观过程研究进展. 科研管理，30（4）：29-36.

庞杰. 2011. 知识流动理论框架下的科学前沿与技术前沿研究. 大连：大连理工大学博士学位论文.

齐曼 J. 2002. 技术创新进化论. 孙喜杰，曾国屏译. 上海：上海科技教育出版社.

邱均平. 2001. 信息计量学（九）：文献信息引证规律和引文分析法. 情报理论与实践，24（3）：236-240.

吴欣望. 2005. 专利经济学. 北京：社会科学文献出版社.

许琦. 2013. 一种面向技术进化的知识适应能力评价方法：基于专利引证网络的知识遗传分解. 情报理论与实践，36（3）：68-76.

杨中楷，梁永霞，刘倩楠. 2010. 专利引用过程中的知识活动探析. 科研管理，（2）：171-177.

杨中楷，刘则渊，梁永霞. 2009. 试论基础专利——以汤斯和肖洛的激光专利为例. 科学学研究，27（5）：672-677.

岳洪江. 2008. 管理科学知识扩散网络的结构研究. 科学学研究，（4）：779-786.

张五常. 2002. 经济解释. 北京：商务印书馆.

赵黎明，高杨，韩宇. 2002. 专利引文分析在知识转移机制研究中的应用. 科学学研究，（3）：297-300.

朱庆华，李亮. 2008. 社会网络分析法及其在情报学中的应用. 情报理论与实践，31（2）：174，179-183.

Arrow K. 1962. Economic welfare and the allocation of resources for inventions//Nelson R R. The Rate and Direction of Inventive Activity. Prinston：Prinston University Press：609-626.

Chandavimol M. 2006. Knowledge share in patentmapping. http://www.tiae.or.th/tiaethai/seminar/2006/stknowledge/presentation/Maethee. pdf［2006-07-23］.

David P A. 1994. The evolution of intellectual property institutions. Economics in a Changing World，（1）：26-147.

Dosi G. 1988. Sources，procedures，and microeconomic effects of innovation. Journal of Economic Literature，26（3）：1120-1171.

Fontana R，Nuvolari A，Verspagen B. 2009. Mapping technological trajectories as patent citation networks：an application to data communication standards. Economics of Innovation and New Technology，18（4）：311-336.

Hummon N P，Doreain P. 1989. Connectivity in a citation network：The development of DNA theory. Social Networks，11（1）：39-63.

Lai K K，Wu S J. 2005. Using the patent co-citation approach to establish a new patent classification system. Information Processing and Management，（41）：313-330.

Li X. 2007. Patent citation network in nanotechnology（1976～2004）. Journal of Nanoparticle Research，（9）：337-352.

Maurseth P B. 2002. Knowledge spillovers in Europe：A patent citations analysis. Scandinavian Journal of Economics，（104）：531-545.

Narin F. 1994. Patent bibliometrics. Scientometrics，30（1）：147-155.

Nordhaus W D. 1969. Invention，Growth and Welfare a Theoretical Treatment of Technological Change. Cambridge：MIT Press.

Tijssen R J W. 2001. Global and domestic utilization of industrial relevant science：Patent citation analysis of science-technology interactions and knowledge flows. Research Policy，（30）：35-54.

van Dulken S. Inventing the 20th Century：100 Inventions That Shaped the World. New York：New York University Press.

Verspagen B. 2007. Mapping technological trajectories as patent citation networks：A study on the history of fuel cell research. Advance in Complex System，10（1）：93-115.

第3章 基于专利引文的地理空间知识活动分析

3.1 国内外研究状况

3.1.1 地理空间对知识流动的影响研究

专利文献记载技术信息,目前它已成为世界上最大的技术信息资源。近年来,关于专利引文分析方面的研究在国内外的研究人员中开展起来(Narin and Olivastro,1998;杨祖国等,1999;Glanzel and Meyer,2003;孙燕玲,1992)。基于专利引用视角以地理空间为要素对专利引用的探究也开始不断深入,它所产生的影响也逐渐受到重视。

Jaffe 于 1998 年的实验利用专利引用关系反映知识溢出的方向和强度,分析发现,知识溢出存在地方集中化的趋势,而在较远的地理距离上,知识溢出受到了明显的影响。由于数据获取和指标测算相对容易,专利引用研究展现出广泛的应用前景,它的研究为有关地理距离影响知识流动的后续研究提供了一种有用的工具。在 Jaffe 首次提出并运用专利引用数据替代知识流的研究方法后,Thompson 和 Fox-Kean 于 2005 年对 Jaffe 在 1998 年的研究进行方法改良,主要是对原有实验的样本加以更细致地分类,但是实验结果较原结果略有出入,他们指出,知识流动的本地集中化特征并没有那么明显,但是趋势仍然存在(Thompson and Fox-Kean,2005)。因而,他们的研究结果对 Jaffe 等取得的研究成果给予了更细致和准确的论述,也在一定程度上佐证了原研究结果的信度。但 Jaffe 的研究为地理空间内知识流动的后续研究奠定了坚实的基础。1999 年 Jaffe 等通过实验再次证明了知识流动具有本地化集中的特征。实验的研究对象锁定在世界五个经济大国——美国、英国、德国、法国和日本上，选取五国 1963 年至 1993 年这 31 年的授予专利及相关引用的数据，包含被引专利 150 万件，施引专利 120 万件，专利引用关系 500 万次。

2002 年，Maursth 和 Verspagen 对欧洲区域内的国家间知识流动模式进行了研究。其数据来源于欧洲专利局（European Patent Office，EPO），选取 1979 年至 1996 年间的全部专利及专利引用数据。通过国家间的专利引用频次这一分析变量揭示隐含的地理空间内的知识流动，研究结果表明，专利引用更多地发生在同一个国家内部或是地理上很接近的国家间，地理距离确实对知识流动产生负作用（Maursth and Verspagen，2002）。利用欧洲专利局数据进行专利引用研究的还有研究者 Hussler，他的研究并没有提出与之前人们研究结果相异的观点，仅从实证研究角度证明国家间的地理距离影响知识流动，但是值得注意的是，在他的研究中提到了社会网络差距因素对知识流动的影响（Hussler，2004）。

2006 年 Gomes-Casseres 等把研究视角扩展到企业层面。他们利用美国国家经济研究局（National Bureau of Economic Research，NBER）数据库和 MERIT（Maastricht Economics Research Institute in Technology）开发的 CATI（Cooperative Agreements and Technology Indicators）数据库中的企业间专利引用数据对企业间的知识流动情况做出分析，所得结果与国家间专利引用分析结果相似，即越是地理位置临近的企业，越对其之间的知识流动起促进作用（Gomes-Casseres et al.，2006）。

3.1.2　国家和区域间专利引用活动研究

一个国家在国际上申请的专利数量在一定程度上反映该国家的技术发展水平，预示着未来一段时期内的竞争优势（Cantwell，1992）。通过分析专利中的知识流动，可以发现其中的技术之间的联系，并能总结出发展规律。专利被引用次数可以标志专利所包含技术内容的重要程度，被引用次数与重要程度正相关（Harhoff，2003）。

Jaffe 和 Trajtenberg 利用美国、英国、法国、德国和日本五国的专利引用数据所反映出的五国之间知识流动情况发现，国家间的技术知识溢出通过专利引用关系分析能够给出较好的说明，从而显示了该方法的适用性。在此之后，Hu 和 Jaffe（2003）通过对 NBER 数据库所提供的 1963年至 1999 年间韩国、中国台湾、日本在美国申请的及美国在本土申请的专利数据进行分析，就美国和日本向中国台湾和韩国扩散知识的不同模式进行探讨发现，中国台湾和韩国对自发达国家的技术流动存在着不同的倾向。

Hu 和 Jaffe 的研究方法为后续将社会网络与专利引用相结合研究技术知识流动做出了重要的贡献。Peri（2005）首次尝试了区域间技术流动路径分布图的可视化构建。他的研究包括 150 万件专利及 450 万条专利引用数据，最终实现了跨越欧洲和北美 147 个地区的知识流网络的构建。Hussler（2004）截取了欧洲专利局注册的部分时间段内专利数据信息，对欧洲国家间的地理距离、社会网络差距等因素对技术溢出的影响进行了实证研究。

Pavitt（1992）通过研究美国专利商标局中的 29 个技术领域的专利引用数据，对 9 个经济合作与发展组织（Organization of Economic Cooperation and Development，OECD）国家的技术储能的特点与决定因素进行了分析。Archibugi 和 Pianta（1992）运用 IPC 分类码对技术领域给予界定，对欧洲专利局和美国专利商标局数据库中美国、日本和欧洲等主要国家（地区）的专利引用数据进行分析，阐述了这些国家的不同技术发展侧重点。

3.2　数据下载及处理、分析方法与工具软件

3.2.1　数据下载与处理

美国专利商标局作为世界上最高水平的专利机构，吸引了世界各国的专利申请。学术界也经常把美国专利数据库的数据作为研究对象，显示了美国专利数据库数据的权威性。由美国专利商标局建立的美国专利全文数据库是一个重要的专利信息资源（Bronwyn et al.，2009），该库收录了 1790 年 7 月 31 日以来的世界各国在美国被核准的专利（包括美国本土申请）。研究的数据来源于美国国家专利数据库网站所提供的 1987～2006 年的数据。

1. Access 数据处理

美国专利全文数据库提供的数据比较庞大和繁杂且分散在三个不同的表中，分别为表 cite76_06、表 pat76_06_pdp、表 patassg。利用 Access 软件编辑结构化查询语言（structured query language，SQL）实现对这些原始数据表进行链接和相关信息的提取，最终得到 1987～2006 年的有关数据。

建立交叉表"专利查询"。该表中的关键元素取自表 pat76_06_pdp 与表 patassg，包括所有数据的国家名称 cnt、申请年 appyear、授予年 gyear、专利号 patent、所属技术大类 cat_ccl、所属技术小类 subcat_ccl 的相关数据信息。通过专利号"patent"将两个表中的同专利号相对应，完成信息的汇总。同时，设置限制条件"gyear>1986"。形成"专利查询"表，如图 3.1 所示。

专利查询					
appyear ▾	cat_ccl ▾	gyear ▾	patent ▾	subcat_ccl ▾	cnt ▾
1985	6	1987	4633526	69	GB2
1985	6	1987	4633527	63	
1985	6	1987	4633531	63	
1984	6	1987	4633532	63	JPX
1985	6	1987	4633538	65	GB2

图 3.1　交叉表截图——表"专利查询"

建立交叉表"CiteYearSubCat"。原始表 cite76_06 中以"专利号"对应"专利号"的形式，体现施引"citing"对应被引"cited"关系。依据表 cite76_06 中专利引用关系，限制条件为交叉表"专利查询"中 patent 对应于表 cite76_06 中的 citing 形成连接，同时限制交叉表"专利查询"中 patent 对应于表 cite76_06 中的 cited 建立连接。所形成的交叉表中将依次显示出施引专利号 citing、所对应的被引专利号 cited、专利授予年 gyear、施引和被引所属技术小类、国家、技术大类，如图 3.2 所示。

CiteYearSubCat							
citing ▾	cited ▾	gyear ▾	Apat63_99 ▾	专利查询 ▾	Apat63_99 ▾	专利查询 ▾	Apat63 ▾	专利查询 ▾
5245993	4633526	1993	32	69	GB2	3	6
5189737	4633527	1993	63	63		6	6
4837866	4633531	1989	63	63		6	6
5713082	4633531	1998	63	63		6	6
5806088	4633531	1998	63	63		6	6
4918752	4633532	1990	63	63 GB2	JPX	6	6
6874169	4633532	2005	63	63 US	JPX	6	6

图 3.2　交叉表截图——表"CiteYearSubCat"

建立所需的 Access 表。在交叉表 "CiteYearSubCat" 中包含了 1987～2006 年的专利引用关系及所有信息。那么，根据研究中所需，利用限制条件提取数据，并形成矩阵表格。例如，提取大类间的国家引用关系。在交叉表 "CitedYearSubCat" 基础上，将条件限制为：施引 cat_ccl 等同于被引 cat_ccl，目的在于去除跨大类间引用的情况。并将此表信息输入 "行—列—值" 关系，如图 3.3 所示。最后，以 Excel 表格导出。

cat_ccl ▾	1 ▾	2 ▾	3 ▾
1	1314246	30151	162281
2	43749	3522955	29179
3	185461	21978	1448961
4	158095	312390	32670
5	115733	147522	30677
6	182380	53755	36735

图 3.3　数据示意图

2. Excel 数据处理

利用 Access 整理得到的数据后，继续通过 Excel 进行整合和排序。下面以国家间专利引用为例说明。

首先，合并数据。通过 "数据—排序"，实现将分散在各年的国家按 "升序" 集中。通过 "数据—分类汇总"，以 "国家" 为分类字段的关键字进行 "求和"，实现将各个国家在 20 年中的引用次数分别汇总。

其次，将每一行的数据 "求和"，得到各国施引总数。并以所得施引总数为关键字 "降序" 排序，得到数量由高到低排列的国家名称。

再次，将以上得到的数据 "复制"，作 "转置" 处理后 "粘贴"。所得表中，"行" 代表国家被引，"列" 代表国家施引。重复上述整理国家施引数量的步骤，得到国家被引数量由高到低的排列。

最后，根据论文研究需要，从已整理出的各类数据中截取引用数据和引用矩阵，进行数理分析和构建网络图谱。

3.2.2　分析方法与工具软件

专利引用活动建立了地理空间和技术空间中的国家间关系和技术间关系。因此，利用社会网络关系分析方法对专利引用进行分析。所谓社会网络，指的是社会行动者（social actor）及其间的关系的集合（刘军，

2004）。也就是说，多个点（社会行动者）和各点之间的连线（行动者之间的关系）的集合组成一个社会网络。用点和线来表达网络，成为社会网络的形式化界定的标志。社会网络是主体获取信息、资源、社会支持对机会的机会结构加以识别与利用，它由主体节点的一系列社会关系组成（Granovetter，1973），其中构成的相对稳定的关系模式称为社会结构。社会网络分析（social network analysis，SNA）方法为社会网络研究提供了定量可视化的手段（Cross et al.，2001；罗家德，2005；姚小涛和席酉民，2003），通过对关系矩阵的运算可以得到相关测量指标体系。

　　利用 Ucinet 软件所引用关系图谱，几何形节点分别代表研究的对象主体，在本节中代表具体的国家或技术部类。连线表示各部类之间存在引用关联，连线的粗细是引用强度的反映，即引用总次数与连线的粗细成正比。除此之外，箭头方向代表关系发生的"方向"，箭头指向某国家代表着知识流向这个国家，箭头离开某国家代表着知识自这个国家流出。图中连线的粗细和引用次数成正比，连线越粗，国家间关系也就越密切，知识流动的强度也就越大（斯科特，2007）。如图 3.4（a）所示，A 引用 B 的专利，则有向线段的箭头指向 B；如果同时 B 也引用 A 的专利，则有向线段为双向，箭头同时指向 A 和 B，如图 3.4（b）所示。

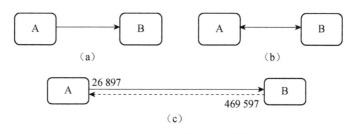

图 3.4　专利引用的基本流程

　　借助社会网络分析工具 Ucinet 对数据进行分析。将引用关系转化为直观的图谱形式，使用的重要网络结构指标体系是中心性（集中性）。根据关注对象的不同，可分为两类：节点中心度（centrality）、网络中心势（network centralization）。

　　节点中心度（斯科特，2007）指的是某点对其临点而言的相对重要性，也就是说，它所指示的是个体在网络中所占据的战略位置，全网集中趋势测量的是整体网络的集中程度。那么，在专利引用网络中，某一节点的中心度高，标志着该点在整个网络中居于中心位置，是网络中其他节点关键的核心资源，其他国家对该国产生较高的依赖性。中心度分为点入度（InDegree）与点出度（OutDegree）。在本节中，点出度指某国施引总数且不包括自引数之和；点入度指某国被引总数且不包括自被引数之和。那么，图 3.4（c）中任意一条连线上靠近节点的数字表示为该节点的点出度，B 施引 A 的专利关系即有向虚线段及数字所示，而 B 被A 使用的专利关系即有向实线段及数字所示，应注意的是，在网络图中，图 3.4（c）中的两条有向线段实际上为重合线段。

网络中心势（斯科特，2007）指的是整个网络图的总体凝聚力或整合度。中心势过高则表明网络中的引用关系分布状况很不均衡：其中少数国家的引用活动凸显频繁，在所有引用活动中所占比例较大。

3.3 专利引文网络下的地理空间关系可视化分析

地理学中对地理空间的定义为：物质、能量、信息的存在形式在形态、结构过程、功能关系上的分布方式和格局及其在时间上的延续（陈述彭等，1999）。通过定义可以看出，地理空间的构成需要有实体的存在，同时按照各自的存在形式和联系分布及发展。

3.3.1 总量描述

统计发现，1987～2006 年 167 个国家（地区）共发生引用关系 18 876 670次，因为引用过程包含着相对的施引与被引过程，所以此数据可理解为施引总次数 18 876 670 次，被引总次数也为 18 876 670 次。其中，排名前 20 位的国家（地区）的专利引用关系为 18 607 655 次，占所有国家（地区）引用关系总量的 98.6%，可以说，这 20 个国家（地区）基本能够反映出国家（地区）间专利引用状况的基本格局。表 3.1 展示了 20 个国家（地区）的施引与被引总量。

表 3.1　20 个国家（地区）施引与被引状况

国家（地区）	被引总量/次	被 20 个国家（地区）引用量/次	被 20 个国家（地区）引用比值/%	施引总量/次	引用 20 个国家（地区）总量/次	引用 20 个国家（地区）总量占施引总量比值/%
US 美国	11 872 141	11 773 304	99.17	12 625 386	12 552 859	99.43
JP 日本	3 997 546	3 974 957	99.43	3 255 771	3 245 109	99.67
DE 德国	912 971	904 269	99.05	770 345	764 701	99.27
FR 法国	370 546	366 491	98.91	287 055	284 945	99.26
GB 英国	346 272	342 172	98.82	231 646	229 605	99.12
CA 加拿大	249 625	247 001	98.95	272 430	270 320	99.23
CH 瑞士	156 077	153 845	98.57	148 275	146 504	98.81
KR 韩国	149 024	147 789	99.17	260 974	259 745	99.53
SE 瑞典	127 726	126 235	98.83	128 689	127 632	99.18
TW 中国台湾	124 271	122 893	98.89	195 205	194 035	99.40
IT 意大利	111 042	109 490	98.60	99 927	98 937	99.01
NL 荷兰	84 932	83 732	98.59	117 103	115 949	99.01
FI 芬兰	55 977	55 515	99.17	70 134	69 631	99.28
IL 以色列	48 846	48 267	98.81	72 630	72 061	99.22
AU 澳大利亚	47 835	47 033	98.32	63 411	62 731	98.93
BE 比利时	32 872	32 404	98.58	31 641	31 313	98.96
DK 丹麦	26 383	25 976	98.46	25 207	24 954	99.00
AT 奥地利	22 829	22 518	98.64	23 298	22 851	98.08
NO 挪威	13 154	12 904	98.10	14 471	14 303	98.84
SG 新加坡	10 925	10 860	99.41	19 582	19 470	99.43

　　表 3.1 按照被引次数多少将这 20 个国家（地区）进行排序。美国无论是施引总量还是被引总量都排在第一位，这种"本地效应"提醒我们即便是开放的美国，其本国专利无论从数量还是引用层面仍然居于非常优势的地位。1987～2006 年，美国本地居民所获核准的发明专利数量占美国专利商标局核准的发明专利总量的 58%左右，而施引与被引总量占整个引用关系的比例超过了 65%，体现出美国在国家间知识活动交流中的核心地位。日本和德国在施引和被引两个层面都居于仅次于美国的位置，来自亚洲地区的韩国也位居前十行列。表中的信息提醒我们，老牌发达国家与新兴发达国家（地区）在世界科技版图中处于强势地位。以中国为代表的发展中国家尚无法进入前 20 名，而我国对外专利申请 50%以上的份额指向了美国专利商标局。

在这 20 个国家（地区）中，部分国家（地区）施引和被引状况差距较大。以韩国为例，其施引总次数是其被引总次数的两倍左右，这反映出韩国在专利引文网络中知识流入量远远大于其知识流出量，而日本、德国等国家的被引总次数则大于其施引总次数，反映出知识流出量大于知识流入量。

3.3.2 自引状况描述

同属一个国家（地区）的专利间的引用（自引）从另一个角度反映出"本地效应"，专利的自引状况反映出本国（地区）后续专利对在先专利的引用习惯问题，这一习惯也反映出一国（地区）对其本国（地区）知识的利用程度。表 3.2 提供了 20 个国家（地区）的自引状况，其中美国的专利自引总量分别占到了其施引和被引总量的 70%以上，而最低者新加坡的比例则只有 5%上下。20 个国家（地区）自引率的巨大差别反映出各国（地区）对本国（地区）在先申请专利的依赖程度。换言之，自引率（自施引与自被引）较高的国家（地区）所拥有的知识更多地在本国（地区）内部流动，对国（地区）外知识的吸收也相对较少。美国强大的技术实力及"本地效应"作用导致的自引倾向，能够解释其自引率达到 70%以上的现象。

表 3.2 专利自引状况

国家（地区）	被 20 个国家（地区）引用量/次	自被引率/%	自（被）引总量/次	自施引率/%	引用 20 个国家（地区）总量/次
US 美国	11 773 304	77.45	9 194 922	73.25	12 552 859
JP 日本	3 974 957	42.95	1 717 054	52.91	3 245 109
DE 德国	904 269	21.46	195 880	25.62	764 701
FR 法国	366 491	13.36	49 514	17.38	284 945
GB 英国	342 172	7.56	26 164	11.40	229 605
CA 加拿大	247 001	11.93	29 769	11.01	270 320
CH 瑞士	153 845	12.62	19 700	13.45	146 504
KR 韩国	147 789	17.81	26 534	10.22	259 745
SE 瑞典	126 235	11.35	14 491	11.35	127 632
TW 中国台湾	122 893	22.91	28 473	14.67	194 035
IT 意大利	109 490	11.83	13 137	13.28	98 937

续表

国家（地区）	被 20 个国家（地区）引用量/次	自被引率/%	自（被）引总量/次	自施引率/%	引用 20 个国家（地区）总量/次
NL 荷兰	83 732	8.47	7 191	6.20	115 949
FI 芬兰	55 515	18.91	10 587	15.20	69 631
IL 以色列	48 267	10.50	5 131	7.12	72 061
AU 澳大利亚	47 033	11.16	5 337	8.51	62 731
BE 比利时	32 404	11.26	3 702	11.82	31 313
DK 丹麦	25 976	10.42	2 749	11.02	24 954
AT 奥地利	22 518	13.54	3 092	13.53	22 851
NO 挪威	12 904	7.59	998	6.98	14 303
SG 新加坡	10 860	5.98	653	3.35	19 470

3.3.3　知识流动网络

从图 3.5 可以看到，20 个国家（地区）形成了一个连通的知识流动网络。因此，将其中引用关系大于 100 000 次和 80 000 次的提取出来。全貌图示展示，美国的中心度值最高，点出度与点入度分别为 3 357 937、2 578 382，也就是说，去除自引量之后，美国被其他国家（地区）引用了 257 万次以上，引用其他国家（地区）的次数达到了 335 万次以上。从纯粹的国家（地区）间知识流动的角度来看，美国知识流出量小于其流入量，形成了知识流动的"逆差"。与商品贸易所不同的是，知识的流动并不导致本国（地区）知识的减少，当然某种程度上会因为促使新知识的产生而使得原有知识出现"折旧"。逆差比较明显的国家（地区）还

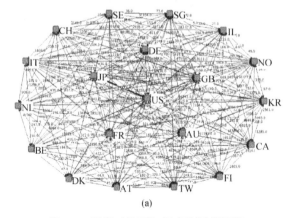

(a)

图 3.5　国家（地区）间专利引用网络

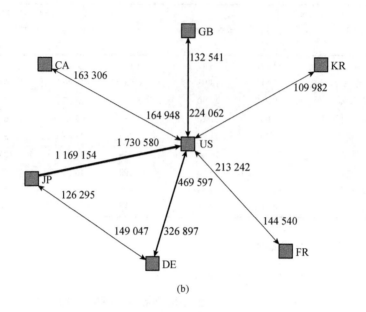

(b)

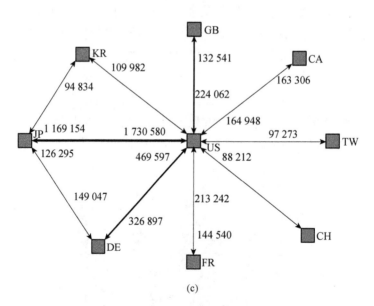

(c)

图 3.5　国家（地区）间专利引用网络（续）

		点出度	点入度
1	US	3 357 937.000	2 578 382.000
2	JP	1 528 055.000	2 257 903.000
3	DE	568 821.000	708 389.000
4	CA	240 551.000	217 232.000
5	FR	235 431.000	316 977.000
6	KR	233 211.000	121 255.000
7	GB	203 441.000	316 008.000
8	TW	165 562.000	94 420.000
9	CH	126 804.000	134 145.000
10	SE	113 141.000	111 744.000
11	NL	108 758.000	76 541.000
12	IT	85 800.000	96 353.000
13	IL	66 930.000	43 136.000
14	FI	59 044.000	44 928.000
15	AU	57 394.000	41 696.000
16	BE	27 611.000	28 702.000
17	DK	22 205.000	23 227.000
18	AT	19 759.000	19 426.000
19	SG	18 817.000	10 207.000
20	NO	13 305.000	11 906.000

网络中心度（点出度）=9.58%
网络中心度（点入度）=7.093%

(d)

图 3.5　国家（地区）间专利引用网络（续）

有韩国、中国台湾等。与美国的情况相反，日本施引与被引次数分别为
1 528 055 次与 2 257 903 次，被引次数比施引次数高出 70 万次，流出的
知识量大于流入的知识量，形成了知识流动的"顺差"。顺差比较明显的
国家还有德国、法国等。

　　图 3.5 分别揭示了引用关系大于 100 000 次和大于 80 000 次的国家及
地区间的知识流动状况。在图 3.5（b）中，美国和日本之间的连线明显
要粗于其他连线，美国、日本、德国三国之间的连线关系使得三国形成
了相对独立的"铁三角"。美国与英国之间也通过连线表现出非常密切的
关系。韩国与美国之间仅施引频次达到统计范围，而在大于 80 000 次的
范围内［图 3.5（c）］，韩国、日本、美国之间形成了"三角"关系的知
识流动，说明韩国的又一知识来源是日本。同时，中国台湾也进入了该
范围内，但仅对美国的施引频次为 97 273 次。由于网络图谱无法对连线
的粗细做更好的区分，统计各国（地区）的主要被引与施引首选对象时，
按照百分比显示前两位，如表 3.3 所示。

表 3.3 各国（地区）首选引用目标国和地区状况

被引用国家（地区）	1 施引国	占比/%	2 施引国	占比/%	其他占比/%
US 美国	JP 日本	45.34	DE 德国	12.68	41.98
JP 日本	US 美国	76.65	DE 德国	6.60	16.75
DE 德国	US 美国	66.29	JP 日本	17.83	15.88
FR 法国	US 美国	67.27	JP 日本	13.79	18.94
CA 加拿大	US 美国	75.93	JP 日本	9.81	14.25
KR 韩国	US 美国	54.63	JP 日本	29.16	16.21
GB 英国	US 美国	70.90	JP 日本	12.21	16.88
TW 中国台湾	US 美国	64.59	JP 日本	18.92	16.50
CH 瑞士	US 美国	65.76	JP 日本	11.97	22.27
SE 瑞典	US 美国	66.53	JP 日本	10.76	22.71
NL 荷兰	US 美国	69.18	JP 日本	11.90	18.92
IT 意大利	US 美国	52.45	JP 日本	14.74	22.81
IL 以色列	US 美国	74.99	JP 日本	9.59	15.42
FI 芬兰	US 美国	62.42	JP 日本	11.26	26.32
AU 澳大利亚	US 美国	73.78	JP 日本	8.96	17.26
BE 比利时	US 美国	63.71	JP 日本	16.59	19.71
DK 丹麦	US 美国	72.39	JP 日本	7.93	19.67
AT 奥地利	US 美国	57.77	JP 日本	13.63	28.60
SG 新加坡	US 美国	64.80	JP 日本	12.55	22.65
NO 挪威	US 美国	71.49	JP 日本	7.51	21.00

施引国家（地区）	1 被引国	占比/%	2 被引国	占比/%	其他占比/%
US 美国	JP 日本	51.54	DE 德国	13.98	34.48
JP 日本	US 美国	76.51	DE 德国	8.27	15.22
DE 德国	US 美国	57.47	JP 日本	26.20	16.33
FR 法国	US 美国	61.39	JP 日本	18.31	20.30
CA 加拿大	US 美国	67.89	JP 日本	14.62	17.49
KR 韩国	US 美国	47.16	JP 日本	40.66	12.18
GB 英国	US 美国	65.15	JP 日本	16.06	18.79
TW 中国台湾	US 美国	58.75	JP 日本	27.67	13.58
CH 瑞士	US 美国	60.91	JP 日本	16.01	23.08
SE 瑞典	US 美国	60.26	JP 日本	16.70	23.02
NL 荷兰	US 美国	61.69	JP 日本	20.37	17.93
IT 意大利	US 美国	54.45	JP 日本	20.58	24.97
IL 以色列	US 美国	66.97	JP 日本	16.52	16.51
FI 芬兰	US 美国	58.77	JP 日本	16.20	25.03
AU 澳大利亚	US 美国	64.84	JP 日本	15.42	19.74
BE 比利时	US 美国	55.13	JP 日本	23.90	20.97
DK 丹麦	US 美国	63.06	JP 日本	12.45	24.49
AT 奥地利	US 美国	46.84	JP 日本	18.97	34.18
SG 新加坡	US 美国	61.28	JP 日本	19.52	19.20
NO 挪威	US 美国	65.40	JP 日本	10.64	23.95

前两位知识活动对象占到了该国知识流出与流入量的 50%以上，最高的达到了 80%以上。正如美国拥有最高的中心度值一样，美国也是大多数国家（地区）首要引用关系发生伙伴，而日本和德国则是美国的主要伙伴，日本和德国之间也有密切的合作关系，这为图 3.5 做了更加清晰的解释。

根据 20 个国家（地区）专利引用绘制出的网络借助中心势指标进行整体评价。尽管已经展示出美国在整个专利引用网络中的地位，但事实上图 3.5 点出度中心势为 9.589%，而点入度中心势仅为 7.093%，也就是说整个网络还是相对松散的。这表明国家（地区）间的知识流动是广泛存在的，虽然某些节点点度值较高，却无法将相对大多数的连接集中。

3.4　基于专利引文网络的中国与其他国家（地区）间关系分析

通过以上对国家（地区）间专利引用关系进行分析发现，中国（不包括港、澳、台地区，下同）并没有列入所选取的对象国家（地区）中，说明中国在专利总量上与技术先进的国家（地区）存在差距；在进一步剖析技术大类下的国家（地区）间引用关系的研究中，仍没有在任何一大类中看到中国的身影，从而反映出，中国的技术水平并不具有足够的竞争力。那么，中国的专利发展现状如何，在各国（地区）中处于什么样的位置，以及中国在哪类技术领域中具有实力和潜力等问题值得我们研究。

3.4.1　被引层面的中国专利引用分析

图 3.6 展示的是中国专利被其他国家（地区）专利引用的情况。图中心的点代表中国，周围的点（30 个）代表与中国发生专利引用的其他专利所属的国家（地区），图 3.6 特指专利被引层面的引用关系。连线代表中国与这些区域的专利存在引用关系。引用总次数与连线的粗细成正比，引用次数越多，连线越粗。图中数值表明了中国引用该国（地区）专利

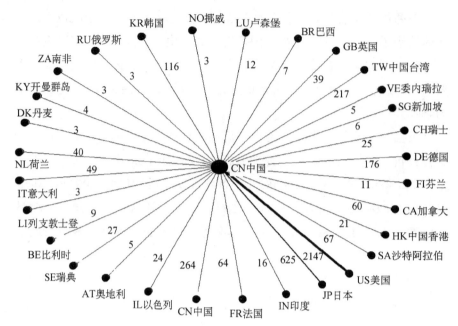

图 3.6 中国与其他国家（地区）引用关系轮盘图——被引层面

的总次数。选取的是引用中国专利总量排在前 30 位的国家（地区），选取原因在于，中国专利总被引频次为 4062 次，前 30 位国家（地区）引用中国专利频次为 4036 次，占 99.36%，即这 30 个国家（地区）与中国的专利引用关系基本可以完全反映出中国被引实际情况。从图中看到，引用中国专利次数最多的两个国家是美国和日本，分别为 2147 次和 625 次，占中国专利前向引用总量的 52.86% 和 15.39%，其后依次为中国台湾地区（217 次，5.34%）、德国（176 次，4.33%）、韩国（116 次，2.86%）、沙特阿拉伯（67 次，1.65%）、法国（64 次，1.58%）、加拿大（60 次，1.48%）、意大利（49 次，1.21%）、荷兰（40 次，0.98%）、英国（39 次，0.96%）等国家（地区）。此外，中国自被引的专利量为 264 次，占总被引数量的 6.50%，居于日本之后。

将 1987～2006 年分为 4 个时间段（即每 5 年为一个阶段），可以纵向分析中国专利文献对外国专利文献的引用情况。图 3.7 是 1987～2006 年中国专利被各国（地区）引用的趋势变化图。图中在各个时间段显示，中国与美国间的引用自始至终排在第一位。韩国是在 1992 年以后进入前

10 位，这与韩国的创新活动在近些年越来越频繁，专利强度也相应提高的情况相一致。意大利、沙特阿拉伯、荷兰在前三个阶段并没有在前十位之列，引用中国的专利较少，仅在 2002～2006 年这一阶段，受中国专利技术的影响程度增加。以色列对中国专利的引用只是出现在 1992～1996 年这一阶段。

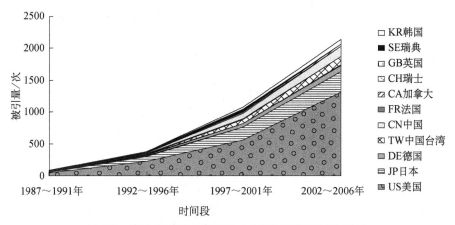

图 3.7 被引层面专利来源国（地区）时段增长趋势图

图 3.8 展示了按大类分布的我国专利被其他国家（地区）所引用的情况，以百分比表示，基数是每一部类下我国被引的专利总量。每幅图显示了排名在前 12 位的国家（地区）。从图 3.8 中可以看出，在 6 大技术部类中，引用我国最多的国家是美国，除了在化学领域的引用份额稍低外，其他几个部类的份额都在 50%以上，其中医药领域的比值最高，超过了 70%。美国对我国各领域专利引用的比值分别为 44.30%、59.76%、71.52%、50.82%、50.15%、54.68%。如果不考虑我国医药类自引的情况和日本的引用情况，日本引用我国的专利份额在五大类位列第二，分别是 12.47%（化学）、13.92 %（计算机和通信）、22.22%（电气电子）、18.65%（机械）、17.27 %（其他）。可见我国在医药领域上具有较高的技术水平。在电气电子及机械领域对日本的影响力较其他部类要明显一些。在化学、医药和电气电子领域，德国引用我国的专利较多。我国台湾地区对我国大陆专利的引用则集中在计算机和通信、电气电子和机械领域。

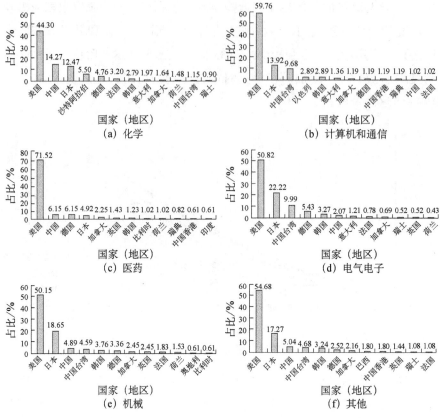

图 3.8 技术大类中来源国（地区）份额排名——被引层面

3.4.2 施引层面的中国专利引用分析

图 3.9 展示的是中国专利引用其他国家（地区）专利的情况。中国施引层面的总量为 10 674 次，以下 30 个国家（地区）施引总数为 10 632 次，占总比 99.61%。从图 3.9 中明显可以看出，与我国关系最密切的两个国家是美国和日本，分别为 6034 次和 2024 次，占我国后向引用总量的 56.53% 和 18.96%，其后依次为德国（516 次，4.83%）、法国（354 次，3.32%）、中国台湾（270 次，2.53%）、英国（185 次，1.73%）、韩国（170 次，1.59%）、加拿大（127 次，1.19%）、中国香港（105 次，0.98%）、意大利（99 次，0.93%）、荷兰（87 次，0.82%）等国家（地区）。此外，我国专利自引的数量为 264 次，占专利后向引用总量的 2.47%，居于第 6

位。对比专利被引和施引层面的国家（地区），美国、日本、中国台湾、德国、韩国、法国、加拿大始终在前十位之列，而沙特阿拉伯和意大利不在施引行列，取而代之的是英国、中国香港。

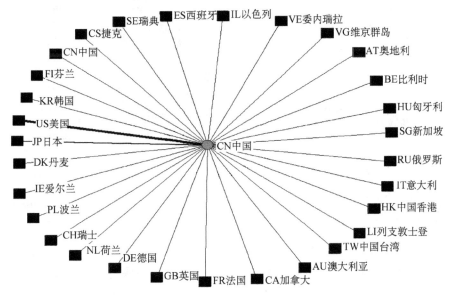

图 3.9　我国与其他国家（地区）引用关系轮盘图——施引层面

图 3.10 是 1987～2006 年我国引用各国（地区）专利的趋势变化图，可以看出，我国对美国的引用自始至终排在第一位。日本、德国、法国、中国台湾、英国、加拿大，也在各个阶段排在前十位。韩国和中国台湾在 1997 年之后跻身前十位，中国香港在 2002 年以后进入前十位，此后一直位列第十。在第一个阶段（1987～1991 年），新加坡、瑞典、以色列这三个国家排在了前十位，但是在之后的年份中，它们都从前 10 位的行列中消失了，逐渐被其他国家所取代。

图 3.11 展示了我国专利所引用的其他国家（地区）的引用按大类分布情况。从图 3.11 中可以看出，在 6 大技术部类中，我国专利在各个技术领域都倾向于引用美国专利，只有机械领域的引用份额偏低，其他几个部类的份额都在 50%～60%。我国对美国各领域专利引用的比值分别为 59.93%、53.93%、54.99%、57.19%、46.64%、58.25%。日本是我国专利施引的第二大国，而与美国相异的是，中国在机械领域引用日本的份

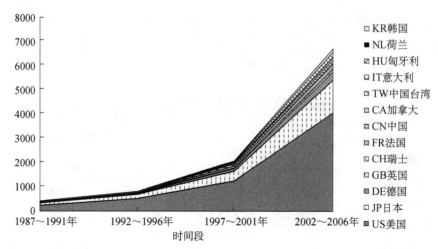

图 3.10　施引层面专利来源国（地区）时段增长趋势图

额最高，比值为 27.47%，而医药领域引用份额最低，仅为 12.73%。其他大类被我国专利引用的份额分别为 15.48%，25.92%，18.63%，17.43%。可见，日本在计算机和通信及机械领域对我国的影响力较其他部类要明显，同时，也验证了我们前面所得出的亚洲国家在医药领域发展较迟缓的分析结果。在化学和医药领域，我国引用德国和法国的专利也有相当比例。在计算机和通信及电气电子领域，我国专利对韩国专利的引用比例较在其他领域要高，这也体现了近些年韩国积极推进产业结构升级的现状。在化学及医药领域，我国自引专利的比例较高，分别占 4.88%、3.05%。

综合以上几个角度的分析，可以看到：随着我国对外专利申请数量的增加，我国专利的被引与施引层面的次数也在增加。这说明我国技术研发过程中参考借鉴了其他国家（地区）先进技术经验，同时由于创新能力的提升，研发产生的专利成果也得到了其他国家（地区）同行的认可，成为其进一步借鉴参考的对象。这种国家（地区）间的专利引用关系，推动了技术发展过程的不断前进，也在客观上加强了国家（地区）之间的联系。

无论是从被引层面还是施引层面的角度来看，我国与美国、日本、德国等传统强国的关系始终比较密切，且近十年来这种密切程度仍然在迅速增加。韩国、中国台湾、中国香港等国家（地区）近年来专利事业蓬勃发展，像中国台湾已经跃居美国专利商标局专利申请量排行榜的前

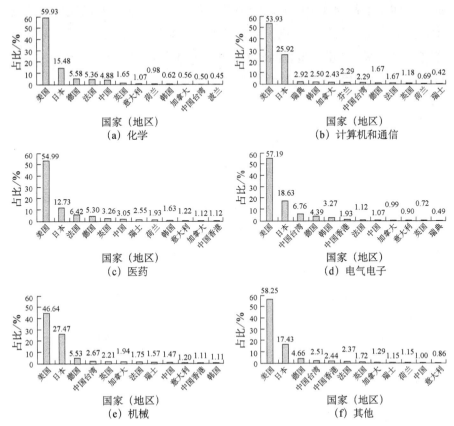

图 3.11 技术大类中来源国（地区）份额排名——施引层面

五位。与这些新兴专利国家（地区）专利引用关系的紧密程度，反映出我国与其他国家（地区）关系的动态反应敏捷性。

从大类的角度反映出的国家（地区）关系基本同总量是一致的，美国、日本、德国在各个领域都体现出了与中国知识交流的高密度。有一点值得注意的是，虽然从自引的角度来说，我国专利被引与专利施引的数量是相同的，但专利被引与专利施引总量不同，体现出我国专利被引层面自我引用的比例在某些领域是相当可观的。比如，在化学、医药和机械等大类领域中，我国自引的比例都排在了前三位的位置（图3.8）。

全球化的大趋势使得科技研发工作不能在孤立的环境下完成，尤其是伴随着我国对外专利申请迅速增加的大趋势，专利的引用势必仍会大幅度增加。专利间的这种关系所引致的国家（地区）间的合作关系的形成，既体现了各国（地区）之间相互依存的关系，也给我国发展专利技术、提高自主创新能力提供了良好氛围。也就是通过后向引用大量借鉴参考在先技术，产出高质量的研究成果及更多的前向引用，推动国家（地区）间基于专利的合作网络的运行。

参考文献

陈述彭，鲁学军，周成虎. 1999. 地理信息系统导论. 北京：科学出版社.

刘军. 2004. 社会网络模型研究论析. 社会学研究，（1）：1-12.

罗家德. 2005. 社会网络分析讲义. 北京：社会科学文献出版社.

斯科特 J. 2007. 社会网络分析法. 刘军译. 重庆：重庆大学出版社.

孙燕玲. 1992. 专利引文在技术评价及预测中的作用. 情报业务研究，9（1）：38-41.

杨祖国，陈虹，褚金涛，等. 1999. 中国专利被《SCI》来源刊论文引用情况的统计与分析. 情报科学，17（4）：422-428.

姚小涛，席酉民. 2003. 社会网络理论及其在企业研究中的应用. 西安交通大学学报（社会科学版），23（3）：22-27.

Archibugi D，Pianta M. 1992. The Technological Specialization of Advanced Countries. Dordrecht：Kluwer Academic Publishers.

Bronwyn H，Jaffe A B，Manuel T. 2009. The NBER patent citations data file lessons，insights and methodological tools. http://www. nber. org/papers/w8498［2009-04-27］.

Cantwell J. 1992. The internationalization of technological activity and its implications of competitiveness//Granstrand O. Technology Management and International Business. New Jersey：John Wiley and Sons Ltd.

Cross R，Borgatti S，Parker A. 2001. Beyond answers：Dimensions of the advice network. Social Networks，23（3）：215-235.

Glanzel W，Meyer M. 2003. Patents cited in the scientific literature：An exploratory study of "reverse" citation relations. Scientometrics，58（2）：415-428.

Gomes-Casseres B，Hagedoorn J，Jaffe A B. 2006. Do alliances promote knowledge flows?. Journal of Financial Economics，80（1）：5-33.

Granovetter M. 1973. The strength of weak ties. American Journal of Sociology，78（6）：1360-1380.

Harhoff D. 2003. Citations，family size，opposition and the value of patent rights. Research Policy，（32）：1343-1363.

Hu A G Z，Jaffe A B. 2003. Patent citation and international knowledge flow：The case of

Korea and Taiwan. International Journal of Industrial Organization，21：849-880.

Hussler C. 2004. Culture and knowledge spillovers in Europe：New perspectives for innovation and convergence policies. Economics of Innovation and New Technology，13 （6）：523-541.

Jaffe A B. 1998. Evidence from patents and patent citations on the impact of NASA and other federal labs on commercial innovation. Journal of Industrial Economics，46（2）：183-205.

Jaffe A B，Trajtenberg M. 1999. International knowledge flows：Evidence from patent citations. Economics of Innovation and New Technology，8：105-136.

Maursth P B，Verspagen B. 2002. Knowledge spillovers in Europe：A patent citations analysis. Scandinavian Journal of Economics，104（4）：531-545.

Narin F，Olivastro D. 1998. Linkage between patents and papers：An interim EPO/US comparison. Scientometrics，41（1/2）：51-59.

Pavitt K. 1992. International patterns of technological accumulation//Hood N. Strategies in Global Competition. London：Croom Helm.

Peri G. 2005. Determinants of knowledge flows and their effect innovation. The Review of Economics and Statistics，87（2）：308-322.

Thompson P，Fox-Kean M. 2005. Patent citations and the geography of knowledge spillovers：A reassessment. The American Economic Review，95（1）：450-460.

第 4 章 基于专利引文的技术空间关系可视化分析

根据我们对地理空间定义的理解，技术属于物质或信息的存在形式，而技术间的关联满足结构过程与功能关系上的分布及时间上的延续这一条件。因此，技术间的专利引用构成了技术空间。

美国专利商标局所使用的 UPC 与 IPC 有所不同，按 UPC 可以将技术领域分作 6 大类，分别为化学、计算机和通信、医药、电气电子、机械和其他。各大类下面又分设若干小类，具体分类如表 4.1 所示。

表 4.1 美国专利商标局专利分类表

大类代码	大类名称	小类代码	小类名称
1	化学	11	农业、食品、纺织品
		12	涂层
		13	气体
		14	有机化合物
		15	树脂
		19	其他化学类
2	计算机和通信	21	通信
		22	计算机软硬件
		23	计算机外设
		24	信息存储
		25	其他计算机及通信类
3	医药	31	药品
		32	手术医疗器械
		33	生物
		39	其他医药类

续表

大类代码	大类名称	小类代码	小类名称
4	电气电子	41	电气设备
		42	电气照明
		43	测量与测试
		44	核能和 X 射线
		45	电力系统
		46	半导体器件
		49	其他电子产品
5	机械	51	材料加工与处理
		52	金属加工
		53	汽车、发动机及零件
		54	光学
		55	交通
		59	其他机械类
6	其他	61	农业、畜牧业、食品
		62	娱乐设备
		63	服装纺织
		64	地面采掘及钻井
		65	家具、家庭装备
		66	加热、采暖设备
		67	管道与接头
		68	容器
		69	其他

4.1　大类技术领域层面

4.1.1　数量关系统计

1987～2006 年 20 年间，美国专利商标局所授予的专利共 2 359 517 件，所有专利发生引用关系 14 603 853 次，平均每件专利发生引用关系约为 6 次。由于施引与被引是一对共生数据，施引次数和被引次数在总量上相等。

表 4.2 描述了按大类划分的 6 大技术领域之间的引用关系，按照施引与被引关系绘制成 6×6 的方阵，其余行、列是辅助说明数据。表中行数据是施引数据，如第一行数值代表大类 1 分别引用大类 1～6 的数据，总

计一栏是其施引总次数。第一列数值代表大类1分别被大类1～6引用的数据，总计一栏是其被引总数。总施引和被引总计次数来看，每个技术领域施引和被引次数显示出较为平衡的态势，即被引总量和施引总量较为相当，各技术领域均未体现出施引或被引占绝对优势的局面。

表4.2　6大类专利引用分布绝对数值表

| 施引大类 | 被引大类 | | | | | | 合计 |
	1	2	3	4	5	6	
1	1 314 246	30 151	162 281	110 258	94 354	155 160	1 866 450
2	43 749	3 522 955	29 179	401 397	163 169	64 387	4 224 836
3	185 461	21 978	1 448 961	42 391	34 642	46 493	1 779 926
4	158 095	312 390	32 670	2 428 707	174 491	90 490	3 196 843
5	115 733	147 522	30 677	179 855	1 306 536	158 016	1 938 339
6	182 380	53 755	36 735	85 938	151 627	1 087 024	1 597 459
总计	1 999 664	4 088 751	1 740 503	3 248 546	1 924 819	1 601 570	14 603 853

　　表4.3和表4.4描述了百分比形式的6大类技术领域之间的引用关系。显而易见，自引占据了技术领域引用关系的绝大部分。无论是从施引还是被引层面来看，自引都超过了65%以上，最高达到了86%左右。而从与除本领域以外的其他单个领域的关系来看，最高的比例不超过 13%，最低则只有1%左右。可见，虽然施引与被引总量相当，但在发生引用关系的领域（不包括自引）选择上，各单元技术领域还是有所倾向的，如大类1的专利引用来源主要是大类3，同时，大部分也被大类3、6引用；事实上，这种关系出现在大类2、4之间，3、1之间，4、2之间，5、4之间，6、1之间。为更清楚地展示上述关系，我们通过网络形式的图谱来做进一步阐述。

表4.3　6大类专利引用相对数值表（按施引数据）　单位：%

大类	1	2	3	4	5	6	合计
1	70.41	1.62	8.69	5.91	5.06	8.31	100.00
2	1.04	83.39	0.69	9.50	3.86	1.52	100.00
3	10.42	1.23	81.41	2.38	1.95	2.61	100.00
4	4.95	9.77	1.02	75.97	5.46	2.83	100.00
5	5.97	7.61	1.58	9.28	67.40	8.15	100.00
6	11.42	3.37	2.30	5.38	9.49	68.05	100.00

表 4.4　6 大类专利引用相对数值表（按被引数据）　单位：%

大类	1	2	3	4	5	6
1	65.72	0.74	9.32	3.39	4.90	9.69
2	2.19	86.16	1.68	12.36	8.48	4.02
3	9.27	0.54	83.25	1.30	1.80	2.90
4	7.91	7.64	1.88	74.76	9.07	5.65
5	5.79	3.61	1.76	5.54	67.88	9.87
6	9.12	1.31	2.11	2.65	7.88	67.87
合计	100.00	100.00	100.00	100.00	100.00	100.00

4.1.2　关系网络分析

通过图 4.1 可以看到，大类 4（电气电子类）拥有最高的度值，点入度和点出度分别为 819 839、768 136，大类 2 和大类 5 与其之间的连线较粗，显示出较密切的联系，尤其是大类 4 和大类 2 之间的关系，是所有节点中直接关系最密切的一对。度值较高的是大类 1（化学类，点入度和点出度分别为 685 418、552 204），与其关系较为密切的是大类 3 和大类 6。大类 5（机械类）因其包含的领域比较广泛，也拥有较高的点入度（618 283）和点出度（631 803），与其关系较密切的是大类 4、大类 2。虽然大类 3 的度值不高，但图 4.1 中显示在大类 1、大类 3 之间存在较密切的关系。

与其他各大类相比，大类 2 和大类 3 各自的点出度与点入度的差值尤为明显，且两大类的点出度高于点入度。对照表 4.3 和表 4.4 中的 6 大类专利引用相对数值，可以发现，凡两个技术领域之间存在密切关系，基本都是在施引和被引两种活动中均呈现较高的引用数值，而非仅在施引或仅在被引活动中展现出优势地位。这与表 4.2 显示的按大类总量统计的施引和被引数据也是一致的。

由计算结果看到，按点出度和点入度分别计算网络的中心势为 11.095% 和 14.187%，尽管某些点拥有较高的度值并且与其他点之间关系较密切，但整个网络仍体现出分布的均匀性，引用集中于某些技术领域的趋势并不明显。

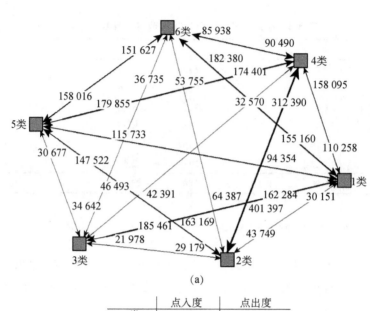

(a)

	点入度	点出度
4类	819 839	768 136
1类	685 418	552 204
5类	618 283	631 803
2类	565 796	701 881
6类	514 546	510 435
3类	291 542	330 965

网络中心度（点入度）=14.187%
网络中心度（点出度）=11.095%

(b)

图 4.1　6 大类间引用关系图

4.2　小类技术领域层面

为进一步探析技术领域之间的相互关系，我们将视角深入到小类技术领域层次，分别从两个维度进行考察。首先对各大类内部的小类之间的关系进行分析，其次考察所有小类之间的引用关系，由于篇幅限制，仅从网络视角进行展示，不涉及数值统计分析。

4.2.1　大类技术领域内部小类技术领域网络分析

图 4.2 展示了大类 1～6 内部各小类技术领域间的专利引用关系。在大类 1 中，小类 19 居于重要地位，中心度为 99 706、97 500，与小类 12、

小类 14、小类 15 都有较为密切的关系，小类 15 与小类 12、小类 14 之间也存在着密切的往来。在大类 2 中，小类 22 居于重要地位，中心度为 332 673、393 828，与小类 21 的关系最紧密，而与其他三个小类关系密切的程度基本相当，小类 24 稍显突出。在大类 3 中，小类 32 居于重要地位，中心度为 57 504、43 912，与小类 39 保持着密切关系，小类 31 作为其次。在大类 4 中，小类 45 拥有最高的中心度值（95 749、67 241），从图 4.2 中可以看出，小类 45 与小类 41、小类 46 三个节点之间形成了三角形的密切关系，小类 42 与小类 46、小类 43 与小类 44 之间的关系紧密。在大类 5 中，小类 51、小类 52、小类 59 之间及小类 59、小类 55、小类 53 之间形成了两个三角形的较为密切的关系，总体来看，小类 59 居于重要地位，中心度值为 51 354、46 856。在大类 6 中，小类 69 无疑居于核心地位，其余所有节点都与之形成了较为密切的关系，其中心度为 50 171、42 547，并与小类 64、小类 67 形成了三角形的密切关系，而这几个节点之间的关系相对比较薄弱，其中小类 61、小类 68 之间的知识流动比较频繁。

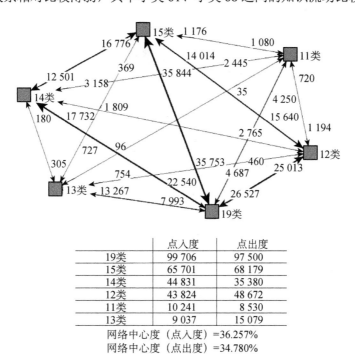

	点入度	点出度
19类	99 706	97 500
15类	65 701	68 179
14类	44 831	35 380
12类	43 824	48 672
11类	10 241	8 530
13类	9 037	15 079

网络中心度（点入度）=36.257%
网络中心度（点出度）=34.780%
（a）大类1

图 4.2　6 大类内部小类技术领域专利引用网络

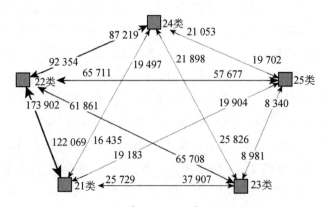

	点入度	点出度
22类	332 673	393 828
21类	251 210	183 416
24类	154 317	149 667
23类	117 828	138 422
25类	114 928	105 623

网络中心度（点入度）=24.885%
网络中心度（点出度）=35.875%

(b) 大类2

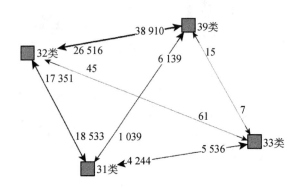

	点入度	点出度
32类	57 504	43 912
39类	30 562	45 064
31类	29 026	26 816
33类	4 304	5 604

网络中心度（点入度）=31.017%
网络中心度（点出度）=16.808%

(c) 大类3

图4.2 6大类内部小类技术领域专利引用网络（续）

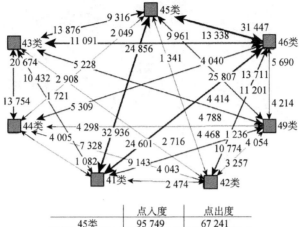

	点入度	点出度
45类	95 749	67 241
46类	73 767	96 939
41类	72 970	78 420
43类	50 866	64 309
44类	39 582	30 332
49类	38 161	36 907
42类	30 785	27 732

网络中心度（点入度）=22.633%
网络中心度（点出度）=23.336%

(d) 大类4

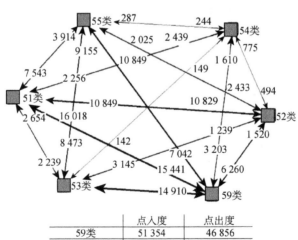

	点入度	点出度
59类	51 354	46 856
51类	34 862	35 370
53类	30 611	29 327
52类	23 055	25 015
55类	21 735	26 234
54类	6 402	5 217

网络中心度（点入度）=34.878%
网络中心度（点出度）=28.160%

(e) 大类5

图 4.2　6 大类内部小类技术领域专利引用网络（续）

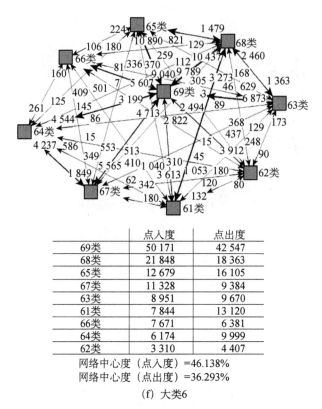

	点入度	点出度
69类	50 171	42 547
68类	21 848	18 363
65类	12 679	16 105
67类	11 328	9 384
63类	8 951	9 670
61类	7 844	13 120
66类	7 671	6 381
64类	6 174	9 999
62类	3 310	4 407

网络中心度（点入度）=46.138%
网络中心度（点出度）=36.293%

（f）大类6

图4.2　6大类内部小类技术领域专利引用网络（续）

　　借助中心势指标来评价各大类内部的网络，网络相对集中的大类是大类 4，点入度中心势与点出度中心势分别为 22.633%、23.336%，尽管大类内的引用现象普遍存在，可是网络整体分布并不均匀，高被引情况存在于局部国家间，中心势的两个指标值非常接近，说明该类间专利引用活动非常活跃。网络相对松散的是大类 6，中心势为 46.138%、36.293%。那么，中心势的两个测度间相距较大的为大类 2 与大类 3，大类 2 的点入度中心势（24.885%）体现出网络的集中性更强，说明该领域内的先进技术被部分国家作为竞争武器所利用；与之相反的是，大类 3 的点出度中心势（16.808%）显示出更为集中的特点，说明该领域的技术并没有得到各国的充分重视。

　　数据显示，在大类内部，同一小类间的引用关系仍然占据着大类内部总引用次数比重的绝大部分。按百分比计算，6 大类内部的比重分别达到了 65.72%、86.16%、83.25%、74.77%、67.88%、67.87%。

4.2.2 37 小类技术领域网络分析

为展示所有小类技术领域间的关系，绘制包含 37 个小类的网络图谱，同时绘制出引用关系大于 50 000 次和 40 000 次的主要节点组成的网络图谱。图谱显示，所有 37 个小类中，度值最高的是小类 22，中心度为 501 071、653 387，最低的是小类 33，中心度为 6057、7524。图谱中引用超过 50 000 次的子网络有 3 个 [图 4.3（b）]，分别是小类 31 与小类 32 之间形成的引用节点对、以小类 22 为核心的主要包含大类 2 的子网络、小类 19 与小类 69 之间的引用节点对。可以看出，在这一范围内，小类 22 子网络中的引用关系仅在大类 2 内部发生，这说明大类 2 的发展速度较快，大类内的技术垄断比较严重。而图谱中引用频次扩大到超过 40 000 次形成了两个子网络 [图 4.3（c）]，分别是：以小类 22 为核心的主要包含大类 2 和大类 4 的子网络，也说明大类 2 与大类 4 存在着比较密切的技术联系；以小类 19 为核心的包含大类 1、3、4、6 节点的子网络。所有网络关系中，小类 22 与小类 21 之间的关系最密切，两者之间发生了近 300 000 次的引用关系。

从大类和小类技术领域引用数据及图谱所展示的情况来看，技术领域间的专利引用呈现总量流动平衡、内部活动频繁、外部偶有集中的特征。

从大类的数据来看，特定技术领域施引和被引的总量基本是相当数量级的。尽管存在某些技术领域出现施引或被引稍占优势的局面，从表 4.2 可以看出，总量差异并不明显。事实上，对小类的统计也支持了这个结论。从知识流动的角度来看，即特定技术领域知识流入和流出的数量无较大顺差或者逆差，这也正体现出知识在技术领域内部流动的主导性。

大类内部和小类内部的引用占据了所有引用关系的大部分。按大类统计，大类内部共发生引用关系 11 108 429 次，占总引用次数（14 603 853 次）的比例超过 76%；按小类统计，小类内部共发生引用关系 9 042 982 次，占总引用次数的比例超过 61%。如果不考虑跨大类的小类之间的引用，同一大类内的同一小类间的引用总次数占同一大类下所有小类间的

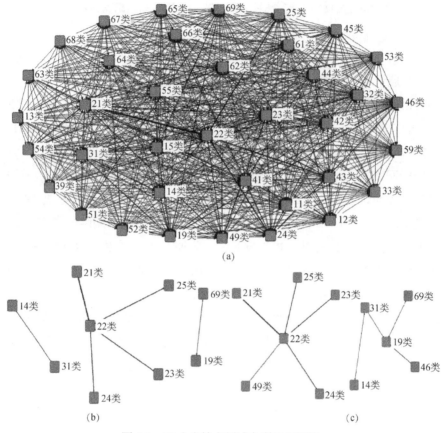

图4.3　37小类技术领域专利引用网络

总引用次数的比例达到 60% 以上，第 2 大类和第 3 大类内同一小类间引用次数的总值占到了所有小类间总引用次数的 80% 以上。

尽管技术领域内部的引用关系占据主导地位，在不同技术领域的大类和小类间也形成了一定规模的密切关联。大类 2 和大类 4 之间的引用关系超过 700 000 次，大类 1 和大类 3 之间也有 340 000 次以上的引用关系存在；小类 21 和小类 22 之间的引用关系达近 300 000 次，小类 19 和小类 69 之间也存在着 120 000 次以上的引用关系，小类 14 和小类 31 之间的引用关系超过 110 000 次。

对技术间关系随时间变化的初步计算结果表明，近年来，随着科学技术与知识活动的日益频繁，以专利为载体的不同技术领域间的引用活动也逐渐加剧，显示出技术间的联系愈加密切，也预示着不同技术领域间互相促进与融合的趋势。

4.3　不同技术领域中国家（地区）间关系考察

4.3.1　第 1 大类——化学

我们对化学领域内的引用关系进行统计发现，被引和施引两个方面的数据排序排名前 17 位的国家（地区）小类没有变化。在所统计的化学领域内，共发生专利引用 1 314 246 次。其中，这 17 个国家（地区）共发生专利引用 1 284 722 次，占总量的 97.75%。因此，在该领域内的专利引用情况基本可以通过这 17 个国家（地区）反映出来。

表 4.5 显示的是前 17 位国家（地区）的专利引用情况，被引数量的排序与总排名的排序是完全一致的。进入排名中的欧洲国家有 10 个，所占比例为 16.30%。被引次数大于施引的国家有日本、德国、法国、英国、意大利、瑞典、芬兰、澳大利亚、丹麦。

表 4.5　国家（地区）间专利引用比较——化学

国家（地区）	被引总量/次	被 17 个国家（地区）引用量/次	被引比值/%	施引总量/次	17 个国家（地区）引用量/次	施引比值/%
US 美国	797 061	787 360	98.78	880 533	873 463	99.20
JP 日本	263 554	261 007	99.03	197 293	196 256	99.47
DE 德国	108 092	106 533	98.56	85 688	84 861	99.03
FR 法国	30 908	30 233	97.82	25 848	25 531	98.77
GB 英国	24 236	23 738	97.95	17 581	17 359	98.74
CA 加拿大	14 191	13 910	98.02	15 352	15 108	98.41
IT 意大利	10 463	10 253	97.99	8 934	8 782	98.30
CH 瑞士	10 307	9 999	97.01	10 668	10 522	98.63
NL 荷兰	9 088	8 906	98.00	9 482	9 312	98.21
SE 瑞典	6 214	6 122	98.52	5 624	5 547	98.63
FI 芬兰	6 132	6 043	98.55	5 980	5 925	99.08
BE 比利时	5 400	5 308	98.30	5 905	5 840	98.90
KR 韩国	5 103	4 995	97.88	13 113	12 934	98.63
AU 澳大利亚	3 337	3 258	97.63	3 302	3 219	97.49

续表

国家（地区）	被引总量/次	被17个国家（地区）引用量/次	被引比值/%	施引总量/次	17个国家（地区）引用量/次	施引比值/%
TW 中国台湾	3 120	3 048	97.69	5 759	5 716	99.25
DK 丹麦	2 348	2 283	97.23	2 220	2 193	98.78
IL 以色列	1 771	1 726	97.46	2 197	2 154	98.04

从专利被引角度看，在化学领域内，这17个国家（地区）体现出强大的领域优势，专利被引比值十分集中。其中，最高的是日本，达到99.03%；相比较，最低的国家是瑞士，占97.01%。两个比值相差约2个百分点，说明这一领域内的专利引用网络集中度相对偏弱。

从表4.6的自被引率可以看出，以上各国（地区）对本国（地区）专利的利用率均在10%以上。美国的自被引率最高，达到79.29%。引用美国专利最频繁的国家为日本（7.89%）、德国（3.82%）、法国（1.45%）、英国（1.13%）；而美国引用其他国家（地区）专利的平均比例为53.05%。日本自被引率为41.88%，德国（4.63%）、法国（1.17%）引用其专利占比居高，韩国占比 1.57%。日本引用其他几国（地区）的平均比值为 9.02%。德国被日本引用10.61%，法国2.06%，英国1.48%，瑞士1.04%。德国引用其他国家的平均比值为6.16%。可见，在这一领域中，美国、日本、德国之间的知识流非常集中，而由于地域关系，英国、法国等欧洲国家与德国之间关系较密切；同时，日本的专利受到韩国的青睐。

表4.6　国家（地区）专利自引统计表——化学

国家（地区）	被引总量/次	自被引总量/次	自被引率/%
US 美国	797 061	631 960	79.29
JP 日本	263 554	110 369	41.88
DE 德国	108 092	33 518	31.01
FR 法国	30 908	6 754	21.85
GB 英国	24 236	2 708	11.17
CA 加拿大	14 191	3 063	21.58
IT 意大利	10 463	2 381	22.76
CH 瑞士	10 307	1 735	16.83
NL 荷兰	9 088	992	10.92

国家（地区）	被引总量/次	自被引总量/次	自被引率/%
SE 瑞典	6 214	913	14.69
FI 芬兰	6 132	1 697	27.67
BE 比利时	5 400	1 052	19.48
KR 韩国	5 103	1 271	24.91
AU 澳大利亚	3 337	426	12.77
TW 中国台湾	3 120	488	15.64
DK 丹麦	2 348	439	18.70
IL 以色列	1 771	218	12.31

　　其余国家（地区）被引层面的对象国家（地区）在数量上有所增多，施引层面也表现出很强的倾向性。通过引用比值发现，英国、法国、加拿大之间的联系非常密切；而法国与意大利在这一领域内也有着紧密往来；韩国分别与日本、中国台湾之间引用活动活跃；瑞士、瑞典、芬兰、比利时、丹麦没有明显的引用倾向，但是主要引用活动集中在欧洲国家间；澳大利亚在化学领域方面的成果多被美国、日本、德国、法国、英国五国利用，而它的专利来源更倾向欧洲国家。

　　图 4.4 分别绘制出化学领域中的专利引用关系大于 10 000 次和 5000 次的图示，且不包括自引情况。图中连线均交集于美国，使美国成为领域中最具有影响力的国家之一。如图 4.4（b）所示，与美国发生引用关系频繁的国家依次是日本、德国、法国、英国，并且这五国也是点入度与点出度排名前五位的国家，其中只有美国的点入度小于点出度。图 4.4（a）中，进入 5000 次以上引用关系范围的国家（地区）有瑞士、意大利、加拿大、中国台湾、韩国。其中只有中国台湾与韩国的中心度值差距较大，韩国的点出度约为点入度的 3 倍，说明韩国在化学领域内的创新能力不是很强。

　　由于这一类中各国（地区）引用活动频次相差悬殊，图中不能一一展示清晰，因此，表 4.7 提取出与各国（地区）引用活动最紧密的三个国家（地区）及所占比例情况。通过比较发现，与各国（地区）引用最频繁的国家（地区）为美国、日本、德国，而法国在这三国不含有自引统计的情况下出现。也就是说，在化学领域中，这四国成为最为活跃的国家。各国（地区）前三位的国家（地区）知识流动总量占 67.53%，最

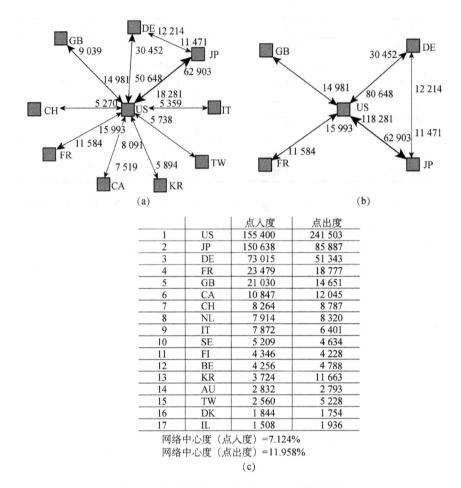

图 4.4　化学类国家（地区）间专利引用网络

		点入度	点出度
1	US	155 400	241 503
2	JP	150 638	85 887
3	DE	73 015	51 343
4	FR	23 479	18 777
5	GB	21 030	14 651
6	CA	10 847	12 045
7	CH	8 264	8 787
8	NL	7 914	8 320
9	IT	7 872	6 401
10	SE	5 209	4 634
11	FI	4 346	4 228
12	BE	4 256	4 788
13	KR	3 724	11 663
14	AU	2 832	2 793
15	TW	2 560	5 228
16	DK	1 844	1 754
17	IL	1 508	1 936

网络中心度（点入度）=7.124%
网络中心度（点出度）=11.958%
(c)

高达到了 **89.85%**。由此可见，化学领域的知识流向显集中态势，整个网络的点入度中心势为 7.124%，点出度中心势为 11.958%。

表 4.7　各国（地区）首选引用目标国（地区）状况——化学

被引国家（地区）	施引国家（地区）			施引国家（地区）	被引国家（地区）		
	1	2	3		1	2	3
US 美国	JP 40.48%	DE 19.60%	FR 7.45%	US 美国	JP 48.98%	DE 20.97%	FR 6.62%
JP 日本	US 78.52%	DE 8.11%	FR 2.05%	JP 日本	US 73.24%	DE 13.36%	FR 2.91%

续表

被引国家（地区）	施引国家（地区）			施引国家（地区）	被引国家（地区）		
	1	2	3		1	2	3
DE 德国	US 69.37%	JP 15.71%	FR 3.05%	DE 德国	US 59.31%	JP 23.79%	FR 4.05%
FR 法国	US 68.12%	JP 10.65%	DE 8.86%	FR 法国	US 61.69%	JP 16.42%	DE 11.85%
GB 英国	US 71.24%	JP 10.75%	DE 7.21%	GB 英国	US 61.70%	JP 16.29%	DE 10.95%
CA 加拿大	US 74.59%	JP 8.57%	DE 4.90%	CA 加拿大	US 62.42%	JP 14.42%	DE 6.44%
IT 意大利	US 68.08%	JP 12.31%	DE 8.69%	IT 意大利	US 58.40%	JP 16.79%	DE 11.06%
CH 瑞士	US 63.77%	DE 13.36%	JP 10.04%	CH 瑞士	US 59.85%	JP 15.71%	DE 12.78%
NL 荷兰	US 72.50%	JP 8.98%	DE 6.77%	NL 荷兰	US 59.24%	JP 16.90%	DE 11.55%
SE 瑞典	US 68.73%	DE 7.56%	JP 6.85%	SE 瑞典	US 60.55%	DE 12.37%	JP 10.12%
FI 芬兰	US 62.17%	DE 18.45%	JP 5.75%	FI 芬兰	US 50.78%	DE 20.46%	JP 11.35%
BE 比利时	US 62.41%	JP 20.86%	DE 6.58%	BE 比利时	US 52.32%	JP 28.88%	DE 9.92%
KR 韩国	US 59.64%	JP 24.62%	DE 4.73%	KR 韩国	US 50.54%	JP 35.42%	DE 5.46%
AU 澳大利亚	US 70.20%	JP 7.42%	DE 6.25%	AU 澳大利亚	US 63.23%	JP 11.35%	DE 10.78%
TW 中国台湾	US 67.11%	JP 17.38%	DE 5.20%	TW 中国台湾	US 51.80%	JP 33.30%	DE 5.91%
DK 丹麦	US 64.97%	DE 8.84%	JP 7.38%	DK 丹麦	US 55.36%	JP 14.48%	DE 11.92%
IL 以色列	US 71.55%	JP 7.23%	DE 6.56%	IL 以色列	US 60.95%	JP 15.44%	DE 6.66%

4.3.2 第 2 大类——计算机和通信

在计算机和通信领域内，选取了 15 个有代表性的国家（地区）。由于这一领域内发生专利引用的总频次为 3 522 955 次，而排列于施引与被引方面前 15 位的国家引用频次为 3 465 602 次，占总比的 98.37%。

从这一领域的国家（地区）间被引排列看出，加拿大、韩国名列美国、日本之后，中国台湾跻身于前 10 名，以色列位于 12 位。这可以反映出，除了美洲之外，亚洲国家（地区）在计算机和通信领域专利研发总量较大，发展十分迅速。然而，美洲的计算机和通信领域起步和发展比亚洲早之又早。表 4.8 显示，德国、英国、法国、瑞典、芬兰、荷兰、以色列、意大利、瑞士 9 个国家排名非常集中，反映出欧洲国家发展水平状况均衡。

表 4.8　国家（地区）间专利引用比较——计算机和通信

国家（地区）	被引总量 /次	被 15 个国家（地区）引用量/次	被引比值 /%	施引总量 /次	15 个国家（地区）引用量/次	施引比值 /%
US 美国	2 344 149	2 320 846	99.01	2 362 533	2 352 649	99.58
JP 日本	826 075	820 402	99.31	716 828	714 345	99.65
CA 加拿大	56 649	56 124	99.07	54 193	53 975	99.60
KR 韩国	46 161	45 709	99.02	79 160	78 821	99.57
DE 德国	44 540	44 141	99.10	52 432	52 163	99.49
GB 英国	41 287	40 840	98.92	30 262	30 067	99.36
FR 法国	36 070	35 634	98.79	34 479	34 324	99.55
SE 瑞典	32 482	32 136	98.93	35 518	35 339	99.50
FI 芬兰	22 339	22 145	99.13	28 646	28 516	99.55
TW 中国台湾	14 821	14 562	98.25	29 195	28 932	99.10
NL 荷兰	13 291	13 171	99.10	23 751	23 631	99.49
IL 以色列	11 015	10 920	99.14	20 180	20 054	99.38
IT 意大利	7 625	7 556	99.10	6 712	6 670	99.37
CH 瑞士	5 803	5 731	98.76	6 164	6 116	99.22
AU 澳大利亚	5 223	5 173	99.04	9 545	9 488	99.40

通过表 4.9 的国家（地区）自被引率可知，除美国以 77.05%高居榜首外，日本、韩国、中国台湾、以色列的自被引率相对较高，说明这些国家（地区）在计算机和通信领域内的研发呈不断完善和继承的状态；欧洲各国的自被引率普遍偏低，仅德国（13.32%）、瑞典（12.49%）、芬兰（19.73%）突出。澳大利亚（19.11%）尽管地理位置独立，专利总量

上较其他国家（地区）呈劣势，但专利研发和继承能力方面具有较强实力。

表 4.9　国家（地区）专利自引统计表——计算机和通信

国家（地区）	被引总量/次	自被引总量/次	自被引率/%
US 美国	2 344 149	1 806 094	77.05
JP 日本	826 075	376 380	45.56
CA 加拿大	56 649	4 081	7.20
KR 韩国	46 161	8 312	18.01
DE 德国	44 540	5 932	13.32
GB 英国	41 287	1 852	4.49
FR 法国	36 070	3 195	8.86
SE 瑞典	32 482	4 056	12.49
FI 芬兰	22 339	4 407	19.73
TW 中国台湾	14 821	1 874	12.64
NL 荷兰	13 291	731	5.50
IL 以色列	11 015	970	8.81
IT 意大利	7 625	487	6.39
CH 瑞士	5 803	207	3.57
AU 澳大利亚	5 223	998	19.11

图 4.5（a）和图 4.5（b）分别对计算机通信领域大于 15 000 次与 30 000 次的国家（地区）间引用关系进行描述。从图 4.5 中可以看出美国、日本之间的联系最为突出，其中美国居于中心位置的中心度为 514 752、546 555，日本为 444 022、337 965。图 4.5（b）中，在大于 30 000 次的范围内，只有美国、日本、加拿大、韩国存在引用关系，其中美国、日本、韩国之间形成了知识流动关系，说明在该领域中日本与韩国具有较高技术水平，尽管在这一范围内，韩国与两国仅为施引关系。美国与加拿大之间通过连线表现出极为密切的领域联系。图 4.5（a）中的国家（地区）稍有增多，但引用关系只发生在与美国之间的知识往来方面，国家（地区）间的关系表现并不明显。

根据图 4.5 的构成关系，表 4.10 的引用比例中不包括各国（地区）的自被引情况。结果显示，各国（地区）引用活动活跃的国家（地区）有美国、日本、加拿大、韩国、德国、法国、英国、瑞典、芬兰。可以

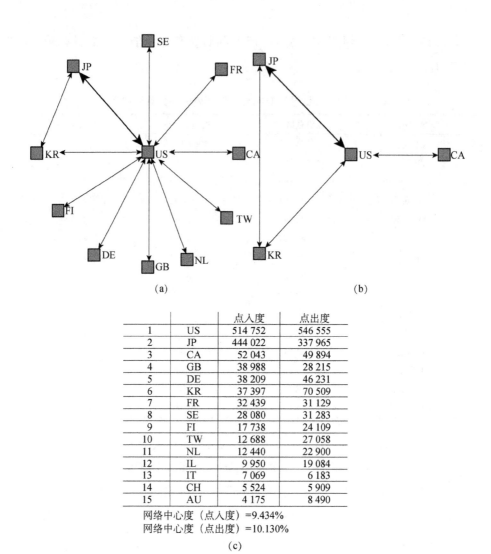

		点入度	点出度
1	US	514 752	546 555
2	JP	444 022	337 965
3	CA	52 043	49 894
4	GB	38 988	28 215
5	DE	38 209	46 231
6	KR	37 397	70 509
7	FR	32 439	31 129
8	SE	28 080	31 283
9	FI	17 738	24 109
10	TW	12 688	27 058
11	NL	12 440	22 900
12	IL	9 950	19 084
13	IT	7 069	6 183
14	CH	5 524	5 909
15	AU	4 175	8 490

网络中心度（点入度）=9.434%
网络中心度（点出度）=10.130%

(c)

图4.5 计算机和通信类国家（地区）间专利引用网络关系

看出，美国、日本是各国（地区）专利引用活动的最主要对象，引用比值最高达到 80%以上，最低也在 40%以上。其他国家（地区）在局部范围内显示出明显活跃的趋势，如日本、韩国、中国台湾之间关系密切；德国、法国、英国、瑞士、芬兰之间联系紧密。

　　整体网络的点入度中心势与点出度中心势非常接近，分别为 9.434% 和 10.130%，说明该领域知识流动比较协调。

表 4.10　各国（地区）首选引用目标国（地区）状况——计算机和通信

被引国家（地区）	施引国家（地区）			施引国家（地区）	被引国家（地区）		
	1	2	3		1	2	3
US 美国	JP 55.29%	CA 7.20%	KR 6.45%	US 美国	JP 63.98%	CA 7.23%	GB 5.08%
JP 日本	US 78.75%	KR 6.91%	DE 2.94%	JP 日本	US 84.21%	KR 3.83%	DE 2.35%
CA 加拿大	US 75.90%	JP 10.88%	SE 2.45%	CA 加拿大	US 74.24%	JP 14.58%	SE 2.55%
KR 韩国	US 52.34%	JP 34.57%	TW 3.28%	KR 韩国	US 47.12%	JP 43.53%	CA 1.59%
DE 德国	US 65.60%	JP 20.77%	FR 2.28%	DE 德国	US 59.15%	JP 28.24%	FR 1.97%
GB 英国	US 71.23%	JP 15.91%	CA 2.09%	GB 英国	US 69.09%	JP 20.50%	CA 2.11%
FR 法国	US 68.59%	JP 16.66%	DE 2.80%	FR 法国	US 64.60%	JP 20.00%	DE 2.80%
SE 瑞典	US 62.92%	JP 12.33%	CA 4.54%	SE 瑞典	US 66.13%	JP 16.97%	FI 4.37%
FI 芬兰	US 57.53%	JP 15.48%	SE 7.70%	FI 芬兰	US 63.25%	JP 16.54%	SE 8.02%
TW 中国台湾	US 62.40%	JP 22.73%	KR 5.88%	TW 中国台湾	US 57.31%	JP 30.56%	KR 4.54%
NL 荷兰	US 67.27%	JP 16.43%	FR 2.58%	NL 荷兰	US 66.53%	JP 22.45%	KR 1.74%
IL 以色列	US 74.28%	JP 13.28%	CA 2.22%	IL 以色列	US 70.34%	JP 17.47%	CA 2.61%
IT 意大利	US 61.62%	JP 19.41%	KR 3.48%	IT 意大利	US 57.29%	JP 28.64%	KR 2.49%
CH 瑞士	US 68.54%	JP 14.50%	DE 3.86%	CH 瑞士	US 65.87%	JP 20.27%	GB 2.06%
AU 澳大利亚	US 72.77%	JP 14.13%	DE 2.06%	AU 澳大利亚	US 63.52%	JP 27.24%	GB 1.91%

　　在这个大类中，亚洲国家（地区）的起步和发展成为我们重点关注的对象，韩国、中国台湾尤其值得我们分析。

　　20 世纪 60 年代开始，韩国政府开始实施一系列的政策调整和扶持政策，并及时调整产业战略。80 年代以后，韩国政府在坚持出口导向型经济发展战略的同时，加速劳动和资本密集型产业向技术和知识密集型产业的转化。对韩国尚处于引进、吸收阶段的产业（其中包括计算机和通信类产业），纳入"战略产业"规划，予以重点扶植，努力将这些产业培养成为21世纪初的主导产业和最大的出口产业。

中国台湾自20世纪80年代起开始进入快速成长期，从技术水平较低的传统消费性电子产品向微电脑制造业、通信产业等产品转型，并且产值和出口迅速提升。其原因在于，这一时期，美国将研发技术出口于日本，进而转至"亚洲四小龙"即其他发展中国家（地区），再回销欧美等市场，中国台湾地区在这一过程中利用代工方面的优势赚取利润。在90年代进入成熟期，由于美国、日本等国直接向低成本的发展中国家（地区）产业转移，中国台湾由"岛内制造、大陆组装、行销欧美"转向"岛内设计研发、大陆制造、欧美或大陆销售"。

总的来看，发达国家的计算机和通信领域发展步入成熟阶段，而亚洲国家（地区）从20世纪五六十年代开始着手该领域，到80年代才步入大规模研发，因此，这一期间亚洲国家（地区）较美洲和欧洲国家显示出更为活跃的技术研发动态，直接导致专利引用活动的频繁。

4.3.3　第3大类——医药

在医药类的统计中，由于多数国家（地区）的专利施引和被引两个方面总量和排名存在较大出入，我们选取的对象仅有13个国家（地区）。医药类专利引用共发生 1 448 961 次，其中 1 392 660 次发生在以下13个国家中，占比96.11%。那么，虽然这一比例低于先前两类中所选国家（地区）的比例，但仍可以反映出医药类的专利引用状态。

这一领域的专利引用国家（地区）以社会保障比较完善的欧美等国家（地区）居多，亚洲仅有日本、以色列。如表4.11所示，在被引总量方面，被引比值较之前两类有所降低，最高也仅达到98.09%，而最低为95.47%，相差近3个百分点，其原因与选取的分析国家（地区）数量减少有直接关系。施引方面，澳大利亚的专利施引量与施引总量非常接近，并且两个指标均高于荷兰、意大利、丹麦，说明澳大利亚对医药领域的重视程度。通过数字比较发现，医药领域内的引用活动并不是非常集中，说明发达国家（地区）在该领域内运行相对平衡且制度健全。

表 4.11 国家间专利引用比较——医药

国家	被引总量/次	13 个国家被引量/次	被引比值/%	施引总量/次	13 个国家施引量/次	施引比值/%
US 美国	1 137 830	1 116 129	98.09	1 193 009	1 175 113	98.50
JP 日本	85 663	83 435	97.40	47 627	46 932	98.54
DE 德国	49 082	47 705	97.19	31 496	30 804	97.80
GB 英国	31 534	30 561	96.91	25 420	24 887	97.90
FR 法国	30 141	29 443	97.68	21 682	21 273	98.11
CA 加拿大	18 873	18 261	96.76	22 101	21 599	97.73
CH 瑞士	17 123	16 594	96.91	22 997	22 342	97.15
SE 瑞典	12 319	11 978	97.23	11 070	10 796	97.52
IL 以色列	10 369	10 114	97.54	10 550	10 334	97.95
NL 荷兰	8 965	8 708	97.13	8 298	8 008	96.51
IT 意大利	7 695	7 388	96.01	4 798	4 674	97.42
DK 丹麦	6 427	6 269	97.54	5 326	5 212	97.86
AU 澳大利亚	6 363	6 075	95.47	10 967	10 686	97.44

医药领域属于发达国家社会保障中的重要项目，受到发达国家的特别关注和重视。如表 4.12 所示，美国的自被引率尤其高，达到 86.79%，日本为 22.22%。其余国家的自被引率相对集中，主要在 10%～20%。从数量上比较，欧洲国家的自被引总量与被引总量之间的差距非常悬殊。

表 4.12 国家专利自被引统计表——医药

国家	被引总量/次	自被引总量/次	自被引率/%
US 美国	1 137 830	987 578	86.79
JP 日本	85 663	19 034	22.22
DE 德国	49 082	7 921	16.14
GB 英国	31 534	4 387	13.91
FR 法国	30 141	5 535	18.36
CA 加拿大	18 873	2 743	14.53
CH 瑞士	17 123	1 977	11.55
SE 瑞典	12 319	1 622	13.17
IL 以色列	10 369	1 306	12.60

续表

国家	被引总量/次	自被引总量/次	自被引率/%
NL 荷兰	8 965	791	8.82
IT 意大利	7 695	1 071	13.92
DK 丹麦	6 427	874	13.60
AU 澳大利亚	6 363	1 075	16.89

美国、日本、德国等属于保险型社会保障制度，即社会保障费用中有企业的支持。也就是说，这样的社会保障制度带动和促进了医药领域的发展。对于英国、法国、瑞典、瑞士、荷兰、意大利、丹麦所属西欧或北欧的国家来说，社会保障制度属于福利型，主要承担对象为政府，因此在医药类发展相对消极，自引量不高。

从对医药领域的分析中可以看出，亚洲在该领域发展并不完善和成熟。那么，医药领域也将成为亚洲各国（地区）可以开发的重要技术源地。

图 4.6 中将引用关系大于 7500 次的国家（地区）提取出来。美国仍居于中心位置，中心度为 128 551、187 535。可见在该领域中，高引用均体现在各国（地区）与美国之间，分别为美国与日本（54 228、21 542）、德国（31 390、16 223）、英国（21 254、16 101）、法国（18 994、11 867）、加拿大（13 083、14 214）、瑞士（12 443、16 210）、瑞典（8378、6718）、以色列（7539、7032）之间的关系，而各国（地区）之间的引用关系相对微弱。这一现象也反映出，美国在医药领域中处于技术的绝对领先优势。

表 4.13 将网络内各国（地区）知识流动量最庞大的三位对象国家（地区）及其所占比例排列出来。美国、日本、德国在该领域内表现活跃。与美国联系最紧密的国家为日本，所引用的比例仅为 16.76% 和 28.92%，而美国被其他国（地区）引用则达 75% 以上，最高达到 85.59%，施引也达到各国（地区）的 65% 以上。日本在此类中并非始终位居第二，相对于部分发达国家，日本在医药领域的发展还略显逊色。通过分析可以看到，加拿大及英国之间的往来频繁，欧洲国家及澳大利亚仍与美国、日本、德国保持知识流动。

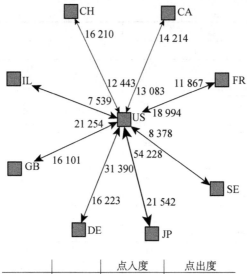

		点入度	点出度
1	US	128 551	187 535
2	JP	64 401	27 898
3	DE	39 784	22 883
4	GB	26 174	20 500
5	FR	23 908	15 738
6	CA	15 518	18 856
7	CH	14 617	20 365
8	SE	10 356	9 174
9	IL	8 808	9 028
10	NL	7 917	7 217
11	IT	6 317	3 603
12	DK	5 395	4 338
13	AU	5 000	9 611

网络中心度（点入度）=16.832%
网络中心度（点出度）=26.652%

图 4.6　医药类国家（地区）间专利引用网络关系

表 4.13　各国首选引用目标国状况——医药

被引国家	施引国家			施引国家	被引国家		
	1	2	3		1	2	3
US 美国	JP 16.76%	DE 12.62%	CH 12.61%	US 美国	JP 28.92%	DE 16.74%	GB 11.33%
JP 日本	US 84.20%	DE 4.21%	CA 1.94%	JP 日本	US 77.22%	DE 7.27%	FR 3.82%
DE 德国	US 78.90%	JP 5.10%	GB 2.92%	DE 德国	US 70.90%	JP 11.86%	FR 5.00%
GB 英国	US 81.20%	CA 3.57%	JP 3.27%	GB 英国	US 78.54%	DE 5.66%	JP 5.43%

续表

被引国家	施引国家			施引国家	被引国家		
	1	2	3		1	2	3
FR 法国	US 79.45%	DE 4.79%	JP 4.46%	FR 法国	US 75.40%	JP 7.49%	DE 6.54%
CA 加拿大	US 84.31%	JP 2.49%	DE 2.17%	CA 加拿大	US 75.38%	JP 6.64%	GB 4.96%
CH 瑞士	US 85.13%	DE 3.00%	JP 2.98%	CH 瑞士	US 79.60%	JP 5.88%	DE 5.36%
SE 瑞典	US 80.90%	JP 4.17%	DE 2.95%	SE 瑞典	US 73.23%	JP 7.11%	DE 5.81%
IL 以色列	US 85.59%	CA 3.56%	JP 2.82%	IL 以色列	US 77.89%	JP 7.32%	DE 3.91%
NL 荷兰	US 82.56%	JP 3.33%	DE 2.93%	NL 荷兰	US 77.17%	JP 6.29%	DE 5.29%
IT 意大利	US 78.82%	JP 4.70%	DE 2.98%	IT 意大利	US 65.92%	JP 9.13%	DE 6.63%
DK 丹麦	US 84.08%	JP 3.32%	DE 3.06%	DK 丹麦	US 75.10%	DE 5.99%	JP 5.05%
AU 澳大利亚	US 83.50%	JP 3.32%	DE 3.26%	AU 澳大利亚	US 77.43%	DE 6.29%	JP 4.20%

该领域的点入度中心势达到 16.832%，点出度中心势高达 26.652%，说明该网络内的引用活动非常频繁而普遍，知识流动网络非常和谐，同时，也说明医药领域是国家的一个辅助性行业，与国民生活息息相关，尽管各国都给予不同程度的重视，但是并没有成为具有市场竞争实力的领域。

4.3.4　第 4 大类——电气电子

在电气电子领域中，我们选取了占据领域内的总引用频次的 99.09% 的 19 个国家（地区）作为分析对象。该类的总引用频次为 2 428 707 次，19 个国家（地区）引用频次为 2 406 658 次。

这一类专利引用总量仅次于计算机和通信类（3 522 955 次）的总量之后，通过总数可以看出，各国（地区）非常重视这两大领域的创新和发展。如表 4.14 所示，中国台湾、韩国的被引总量跻身于前五位，仅次

于美国、日本、德国之后，而中国香港、新加坡也首次出现在大类的领
先国家（地区）行列中，足以看出两国（地区）在该领域内的实力。通
过被引比值发现，在 19 个国家（地区）内知识流动最活跃的国家（地区）
全部属于亚洲国家（地区），分别是新加坡（99.75%）、日本（99.59%）、
韩国（99.48%）、中国台湾（99.47%），而美国尽管是专利产量和被引总
量均最高的国家（地区），其在 19 个国家（地区）中的被引比值仅为
99.42%，列上述 4 个国家（地区）之后，说明亚洲国家（地区）正在大
力度发展该领域，因此部分国家（地区）表现出相对突出的状态。

表 4.14　国家（地区）间专利引用比较——电气电子

国家（地区）	被引总量/次	19 个国家（地区）被引量/次	被引比值/%	施引总量/次	19 个国家（地区）施引量/次	施引比值/%
US 美国	1 336 227	1 328 469	99.42	1 413 173	1 408 327	99.66
JP 日本	723 094	720 152	99.59	591 948	590 623	99.78
DE 德国	83 475	82 809	99.20	91 989	91 492	99.46
TW 中国台湾	72 429	72 047	99.47	93 159	92 912	99.73
KR 韩国	53 051	52 776	99.48	71 851	71 682	99.76
FR 法国	43 281	42 999	99.35	31 986	31 824	99.49
GB 英国	25 135	24 866	98.93	17 448	17 321	99.27
CA 加拿大	23 660	23 456	99.14	23 210	23 078	99.43
IT 意大利	11 818	11 706	99.05	12 759	12 701	99.55
CH 瑞士	11 367	11 247	98.94	10 970	10 868	99.07
SE 瑞典	6 470	6 400	98.92	10 645	10 573	99.32
SG 新加坡	6 359	6 343	99.75	8 599	8 582	99.80
IL 以色列	5 887	5 848	99.34	7 380	7 338	99.43
NL 荷兰	5 474	5 417	98.96	13 643	13 572	99.48
FI 芬兰	3 712	3 683	99.22	4 680	4 654	99.44
AU 澳大利亚	2 645	2 591	97.96	2 825	2 806	99.33
HK 中国香港	2 449	2 391	97.63	3 485	3 472	99.63
BE 比利时	2 044	2 029	99.27	2 828	2 814	99.50
DK 丹麦	1 444	1 429	98.96	2 044	2 019	98.78

从表 4.15 的自被引率可以看出，美国的自被引率低于前面三个技术
大类，仅 71.36%。而日本和中国台湾在这类的自被引率较前三类都是最
高的，分别为 48.39%、27.75%。韩国相对较高，占 17.61%。新加坡的自
被引率仅为 6.87%，但是表 4.14 显示其施引比值达到 99.80%，说明新加

坡的电气电子类还是借助延续和发展外来国家的产品为主。中国香港的自被引率在领域内还比较低，仅占 7.76%。

表 4.15　国家（地区）专利自被引统计表——电气电子

国家（地区）	被引总量/次	自被引总量/次	自被引率/%
US 美国	1 336 227	953 572	71.36
JP 日本	723 094	349 880	48.39
DE 德国	83 475	16 365	19.60
TW 中国台湾	72 429	20 098	27.75
KR 韩国	53 051	9 340	17.61
FR 法国	43 281	4 733	10.94
GB 英国	25 135	1 703	6.78
CA 加拿大	23 660	2 519	10.65
IT 意大利	11 818	1 297	10.97
CH 瑞士	11 367	1 476	12.98
SE 瑞典	6 470	734	11.34
SG 新加坡	6 359	437	6.87
IL 以色列	5 887	604	10.26
NL 荷兰	5 474	622	11.36
FI 芬兰	3 712	495	13.34
AU 澳大利亚	2 645	168	6.35
HK 中国香港	2 449	190	7.76
BE 比利时	2 044	162	7.93
DK 丹麦	1444	130	9.00

通过已有记载了解到，亚洲许多国家（地区）的电气电子类与计算机和通信类产业起步发展同属一个时间段。中国台湾的半导体产业等与计算机和通信产业发展于 20 世纪 80 年代。1990 年后，半导体和电子零部件的产值持续上升，并在 20 世纪 90 年代末期达到顶峰。同样，韩国进入 20 世纪 80 年代以后，加速劳动和资本密集型产业向技术和知识密集型产业转化，使得电子产品、半导体等成为韩国主要工业。而新加坡从 20 世纪 70 年代由进口替代工业向出口工业转变。由于新加坡刚刚成为独立国家，完全依赖独立的进口替代工业发展比较困难，新加坡利用此时西方发达国家正在把劳动密集型出口工业向发展中国家转移的良好时机，将本国的电子、造船、炼油产业培育和发展成为三大支柱产业。中国香港的这类产业发展相对较早，70 年代后开始发展电子计算机、集成

电路、半导体元件等电子产品，并且电气制造业等部门成为制造业的优势部门，在 1976～1985 年，技术密集度进一步提高，如电子工业等高新技术部门发展迅速，并于之后的时间里，保持持续稳定的发展态势。尽管中国香港地区的电气电子类起步较早，但是 90 年代之后才进入相对平稳发展时期，这是由一些新兴支柱产业的涌现所导致。

图 4.7 展现了电气电子领域中引用关系在 10 000 次以上和 30 000 次以上的知识流动情况，可以清晰地看到美国仍居于这一领域的中心位置，中心度为 374 897、454 755，并且与日本之间的联系最紧密，而日本的中心度为 370 272、240 743，那么两国的点入度都达到了 37 万以上。如图 4.7（b）所示，此范围内发生关系的国家（地区）为美国、日本、德国、中国台湾，而且引用关系均发生在与美国之间。图 4.7（a）中，出现了三个"三角"关系的知识流动，分别为美国、日本、德国，美国、日本、韩国，美国、日本、中国台湾之间，可见美国和日本成为各国（地区）知识流动的主要源头国家（地区），同时，日本也成为该领域亚洲国家（地区）的核心。从表 4.16 可以看出，两国（地区）互引的频次占美国被引总比的 73.01%，同样占日本的 48.45%，说明日本与美国在该领域中的关系非常紧密。图中与美国联系比较紧密的国家（地区）为德国和中国台湾，与美国之间的引用频次分别为 40 535 次、42 365 次和 32 491 次、43 234 次。

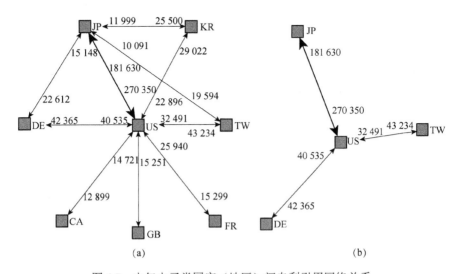

图 4.7　电气电子类国家（地区）间专利引用网络关系

		点入度	点出度
1	US	374 897	454 755
2	JP	370 272	240 743
3	DE	66 444	75 127
4	TW	51 949	72 814
5	KR	43 436	62 342
6	FR	38 266	27 091
7	GB	23 163	15 618
8	CA	20 937	20 559
9	IT	10 409	11 404
10	CH	9 771	9 392
11	SG	5 906	8 145
12	SE	5 666	9 839
13	IL	5 244	6 734
14	NL	4 795	12 950
15	FI	3 188	4 159
16	AU	2 423	2 638
17	HK	2 201	3 282
18	BE	1 867	2 652
19	DK	1 299	1 889

网络中心度（点入度）=6.942%
网络中心度（点出度）=8.674%

(c)

图 4.7　电气电子类国家（地区）间专利引用网络关系（续）

表 4.16　各国（地区）首选引用目标国（地区）状况——电气电子

被引国家（地区）	施引国家（地区）			施引国家（地区）	被引国家（地区）		
	1	2	3		1	2	3
US 美国	JP 48.45%	TW 11.53%	DE 11.30%	US 美国	JP 59.45%	DE 8.91%	TW 7.14%
JP 日本	US 73.01%	KR 6.89%	DE 6.11%	JP 日本	US 75.45%	DE 6.29%	KR 4.98%
DE 德国	US 61.01%	JP 22.80%	FR 2.79%	DE 德国	US 56.39%	JP 30.10%	FR 2.66%
TW 中国台湾	US 62.54%	JP 19.42%	KR 9.37%	TW 中国台湾	US 59.38%	JP 26.91%	KR 6.85%
KR 韩国	US 52.71%	JP 27.62%	TW 11.49%	KR 韩国	US 44.95%	JP 40.90%	TW 7.81%
FR 法国	US 67.79%	JP 16.06%	DE 5.23%	FR 法国	US 56.47%	JP 26.58%	DE 6.83%
GB 英国	US 66.11%	JP 16.90%	DE 5.82%	GB 英国	US 61.03%	JP 21.66%	DE 6.87%
CA 加拿大	US 70.31%	JP 14.24%	DE 3.87%	CA 加拿大	US 62.74%	JP 21.30%	DE 5.67%

续表

被引国家（地区）	施引国家（地区）			施引国家（地区）	被引国家（地区）		
	1	2	3		1	2	3
IT 意大利	US 58.99%	JP 19.46%	DE 6.08%	IT 意大利	US 55.77%	JP 27.17%	DE 5.14%
CH 瑞士	US 57.72%	JP 19.61%	DE 8.94%	CH 瑞士	US 54.15%	JP 25.01%	DE 8.33%
SE 瑞典	US 63.89%	JP 14.72%	DE 2.51%	SE 瑞典	US 57.72%	JP 22.32%	DE 5.88%
SG 新加坡	US 59.24%	TW 15.71%	JP 12.97%	SG 新加坡	US 57.41%	JP 18.23%	TW 14.71%
IL 以色列	US 70.59%	JP 13.84%	DE 5.42%	IL 以色列	US 62.29%	JP 22.48%	DE 4.65%
NL 荷兰	US 60.02%	JP 18.96%	DE 7.22%	NL 荷兰	US 58.05%	JP 24.91%	DE 5.02%
FI 芬兰	US 65.65%	JP 13.55%	DE 5.11%	FI 芬兰	US 56.38%	JP 23.92%	DE 7.09%
AU 澳大利亚	US 67.89%	JP 14.11%	DE 4.91%	AU 澳大利亚	US 54.85%	JP 25.66%	DE 5.69%
HK 中国香港	US 66.20%	JP 14.58%	TW 5.77%	HK 中国香港	US 63.04%	JP 18.40%	TW 5.61%
BE 比利时	US 59.51%	JP 21.53%	DE 6.37%	BE 比利时	US 54.11%	JP 29.00%	DE 4.98%
DK 丹麦	US 60.51%	JP 13.55%	DE 8.08%	DK 丹麦	US 61.67%	JP 19.06%	DE 7.83%

如表 4.16 所示，在该领域表现活跃的国家（地区）除了美国、日本、德国三国外，中国台湾、韩国及法国表现踊跃。前三位的知识活动对象比值占该国（地区）知识出度与点入度量的 70%以上，最高达到 90%以上。与各国（地区）（除美国）合作往来首要的国家（地区）为美国，而与日本与德国的合作往来相对频繁；日本、韩国、中国台湾、中国香港、新加坡之间形成亚洲范围内的紧密互动；以德国为中心的欧洲国家则形成另一个紧密互动网络，加拿大和以色列与欧洲往来相对密切。

电气电子类与计算机和通信类所形成的网络中心势情况比较相似，

即点入度中心势与点出度中心势之间比例差距不大，说明网络中的知识流动现象非常普遍。但是电气电子类点度中心势（6.942%、8.674%）显示出这类的专利引用活动集中现象稍显不明显。

4.3.5 第5大类——机械

机械类中，专利引用关系的总频次为 1 306 536 次，以下所选取的 21 个国家（地区）发生总频次为 1 294 368 次，占总量的 99.07%。这一比例说明通过分析这些国家（地区）可以反映出该类专利引用基本特点。

通过表 4.17 可以看出，进入排名的有 14 个欧洲国家，其中列支敦士登、西班牙首次进入被引总量的排名中，从两国所持有的授权专利数量可以反映出这两国在机械类具备的实力。并且有 8 个欧洲国家的被引比率都在 99% 以上，比值之间的差距非常细微，说明欧洲国家在机械领域发展均衡，而且研发和创新能力雄厚。

表 4.17 国家（地区）间专利引用比较——机械

国家（地区）	被引总量 /次	21 个国家（地区）被引量/次	被引比值 /%	施引总量 /次	21 个国家（地区）施引量/次	施引比值 /%
US 美国	636 020	632 563	99.46	712 089	709 235	99.60
JP 日本	392 655	391 231	99.64	319 294	318 607	99.78
DE 德国	119 835	119 369	99.61	109 503	109 118	99.65
FR 法国	29 382	29 207	99.40	23 778	23 698	99.66
GB 英国	22 644	22 466	99.21	14 718	14 657	99.59
CA 加拿大	20 106	19 972	99.33	26 950	26 836	99.58
CH 瑞士	14 556	14 434	99.16	13 825	13 724	99.27
IT 意大利	13 488	13 389	99.27	12 216	12 140	99.38
SE 瑞典	10 388	10 316	99.31	10 917	10 871	99.58
KR 韩国	7 658	7 569	98.84	14 568	14 422	99.00
NL 荷兰	6 417	6 325	98.57	7 777	7 725	99.33
TW 中国台湾	6 031	5 928	98.29	10 255	10 176	99.23
AT 奥地利	4 854	4 803	98.95	5 086	4 993	98.17
AU 澳大利亚	4 733	4 681	98.90	4 899	4 841	98.82
FI 芬兰	3 643	3 618	99.31	3 832	3 816	99.58
IL 以色列	2 689	2 657	98.81	2 883	2 869	99.51
LI 列支敦士登	1 628	1 612	99.02	1 575	1 569	99.62

续表

国家（地区）	被引总量/次	21 个国家（地区）被引量/次	被引比值/%	施引总量/次	21 个国家（地区）施引量/次	施引比值/%
DK 丹麦	1 430	1 415	98.95	1 353	1 344	99.33
BE 比利时	1 223	1 209	98.86	1 515	1 499	98.94
ES 西班牙	847	831	98.11	1 324	1 314	99.24
NO 挪威	785	773	98.47	921	914	99.24

值得注意的是，日本在专利总量上并没有排在各国（地区）之首，但是其被引比值和施引比值都在最突出的位置，分别为 99.64%和 99.78%，从而体现出日本在技术研发能力方面颇具优势。机械工业是日本工业发展的支柱，主要包括精密机械、金属制品、运输机械、电工电子机械和一般机械。20 世纪 70 年代起日本汽车产业成为第一大产业，1996 年汽车生产额占整个机械生产的 29%；从 1982 年开始的 14 年中，日本机床产业持续在国际市场维持霸主的地位等。

表 4.18　国家（地区）专利自被引统计表——机械

国家（地区）	被引总量/次	自被引总量/次	自被引率/%
US 美国	636 020	458 334	72.06
JP 日本	392 655	195 444	49.77
DE 德国	119 835	34 600	28.87
FR 法国	29 382	5 018	17.08
GB 英国	22 644	2 016	8.90
CA 加拿大	20 106	4 687	23.31
CH 瑞士	14 556	2 792	19.18
IT 意大利	13 488	1 592	11.80
SE 瑞典	10 388	1 613	15.53
KR 韩国	7 658	1 619	21.14
NL 荷兰	6 417	786	12.25
TW 中国台湾	6 031	1 238	20.53
AT 奥地利	4 854	867	17.86
AU 澳大利亚	4 733	687	14.52
FI 芬兰	3 643	726	19.93
IL 以色列	2 689	410	15.25

续表

国家（地区）	被引总量/次	自被引总量/次	自被引率/%
LI 列支敦士登	1 628	392	24.08
DK 丹麦	1 430	185	12.94
BE 比利时	1 223	119	9.73
ES 西班牙	847	94	11.10
NO 挪威	785	85	10.83

如表 4.18 所示，通过各国（地区）的自被引率我们发现，美国自被引率仍高居榜首，为 72.06%。欧洲各国（地区）比值偏低，其中德国最高，达到 28.87%，而英国仅为 8.90%。亚洲国家（地区）中日本自被引率为 49.77%，接近总数的 1/2。韩国（21.14%）、中国台湾（20.53%）较日本降低一半以上。其主要原因在于，韩国以发展电子、计算机等重工业为主，与之配套的机械工业的发展速度迟缓；与韩国不同的是，有数据表明，中国台湾机械工业生产总值正在逐年上升，岛内行业正在不断发展壮大，可以看出中国台湾地区的机械领域正处于发展阶段。

图 4.8（b）中将引用关系设定在大于 20 000 次，则分别存在于日本与美国（131 521、78 710）、日本与德国（27 189、21 480）、美国与德国（33 823、48 424）三条知识流动连线，表明三个国家彼此间的关系最为紧密。根据点度中心度的排列，日本居于该类第一的位置，其中心度为 195 787、123 163。通过总量比较，我们得知日本的被引比值名列各国（地区）之前，而在不包括其自被引的情况下，日本仍具有最高频次的中心度，可以看出日本的自被引率相对偏低，导致本国知识溢出。而图 4.8（a）中提取出引用频次大于 8000 次的国家（地区）发现，所发生的关系仍均存在于与美国之间。利用表 4.19 对与各国（地区）联系密切的前三位国家（地区）的分析验证得出，与各国（地区）联系最紧密国家（地区）为美国，而并非日本。比例显示，日本被美国引用量达到 67.18%，即 131 521 次，而其他国家（地区）引用频次仅为 64 266 次，也就是说，与其他国家（地区）情况相似，日本中心度中的约 2/3 指向美国。综合分析得出，美国仍为该类核心。

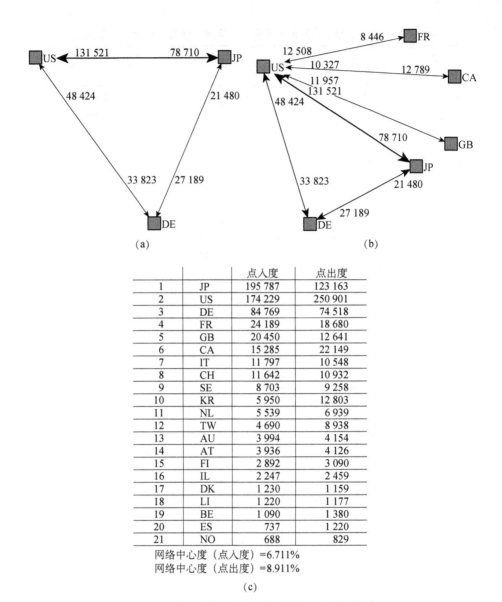

		点入度	点出度
1	JP	195 787	123 163
2	US	174 229	250 901
3	DE	84 769	74 518
4	FR	24 189	18 680
5	GB	20 450	12 641
6	CA	15 285	22 149
7	IT	11 797	10 548
8	CH	11 642	10 932
9	SE	8 703	9 258
10	KR	5 950	12 803
11	NL	5 539	6 939
12	TW	4 690	8 938
13	AU	3 994	4 154
14	AT	3 936	4 126
15	FI	2 892	3 090
16	IL	2 247	2 459
17	DK	1 230	1 159
18	LI	1 220	1 177
19	BE	1 090	1 380
20	ES	737	1 220
21	NO	688	829

网络中心度（点入度）=6.711%
网络中心度（点出度）=8.911%

(c)

图 4.8　机械类国家（地区）间专利引用网络关系

　　该类的点入度网络中心势为 6.711%，点出度中心势为 8.911%。说明领域中专利引用活动非常集中，尽管知识流动比较普遍，但是知识流向存在较大的局限性。

表 4.19　各国（地区）首选引用目标国（地区）状况——机械

被引国家（地区）	施引国家（地区）			施引国家（地区）	被引国家（地区）		
	1	2	3		1	2	3
US 美国	JP 45.18%	DE 19.41%	CA 7.34%	US 美国	JP 52.42%	DE 19.30%	FR 4.99%
JP 日本	US 67.18%	DE 13.89%	KR 2.99%	JP 日本	US 63.91%	DE 17.44%	FR 4.02%
DE 德国	US 57.12%	JP 25.34%	FR 3.21%	DE 德国	US 45.39%	JP 36.49%	FR 4.06%
FR 法国	US 51.71%	JP 20.47%	DE 12.51%	FR 法国	US 45.21%	JP 26.03%	DE 14.55%
GB 英国	US 58.47%	JP 16.59%	DE 11.93%	GB 英国	US 48.50%	JP 25.74%	DE 13.49%
CA 加拿大	US 67.56%	JP 14.92%	DE 6.64%	CA 加拿大	US 57.74%	JP 22.80%	DE 7.23%
CH 瑞士	US 53.95%	JP 15.48%	DE 12.99%	CH 瑞士	US 47.99%	JP 23.96%	DE 12.01%
IT 意大利	US 52.84%	JP 19.67%	DE 12.54%	IT 意大利	US 41.72%	JP 27.34%	DE 14.86%
SE 瑞典	US 55.48%	JP 16.24%	DE 11.58%	SE 瑞典	US 43.31%	JP 25.60%	DE 14.59%
KR 韩国	US 48.74%	JP 31.68%	DE 5.93%	KR 韩国	JP 45.74%	US 37.77%	DE 6.17%
NL 荷兰	US 53.10%	JP 21.72%	DE 9.24%	NL 荷兰	US 42.57%	JP 35.38%	DE 9.91%
TW 中国台湾	US 62.52%	JP 22.22%	DE 4.26%	TW 中国台湾	US 48.39%	JP 34.88%	DE 5.39%
AT 奥地利	US 46.19%	JP 16.79%	DE 13.80%	AT 奥地利	US 32.06%	JP 28.60%	DE 16.67%
AU 澳大利亚	US 65.85%	JP 13.12%	DE 6.26%	AU 澳大利亚	US 48.87%	JP 23.95%	DE 11.75%
FI 芬兰	US 51.00%	DE 17.29%	JP 12.31%	FI 芬兰	US 38.25%	JP 20.65%	DE 18.61%
IL 以色列	US 59.23%	JP 13.75%	SE 8.77%	IL 以色列	US 54.70%	JP 17.12%	DE 8.30%
LI 列支敦士登	US 59.67%	DE 12.79%	JP 11.97%	LI 列支敦士登	US 49.28%	JP 19.63%	DE 15.97%

续表

被引国家（地区）	施引国家（地区）			施引国家（地区）	被引国家（地区）		
	1	2	3		1	2	3
DK 丹麦	US 58.46%	JP 15.04%	DE 10.65%	DK 丹麦	US 50.56%	JP 19.07%	DE 12.42%
BE 比利时	US 47.52%	JP 27.80%	DE 9.08%	BE 比利时	JP 41.30%	US 36.74%	DE 8.19%
ES 西班牙	US 62.96%	JP 15.33%	DE 11.13%	ES 西班牙	US 50.33%	JP 16.07%	DE 15.16%
NO 挪威	US 53.05%	JP 12.50%	CA 8.14%	NO 挪威	US 47.17%	JP 19.06%	FR 10.01%

4.3.6　第 6 大类——其他

第 6 类中的专利引用共发生 1 087 024 次，这里我们从这大类中选取了 16 个国家（地区）作为分析对象，对象国家（地区）专利引用共发生 1 053 783 次，占比 96.94%。

如表 4.20 所示，从被引总量上比较，美国高出日本 3 倍。而后的国家（地区）总量方面的差距逐渐缩短。由于对这类中所选取的分析对象较少，并且该类所包括的工业为各国（地区）辅助性行业或依附行业，并未作为各国（地区）的竞争领域发展，所以被引比值略微偏低。日本为这类中被引比值最大的国家，达 98.68%，初步判断日本与 16 个国家（地区）之间的联系最密切。荷兰的比值仅为 95.24%。

表 4.20　国家（地区）间专利引用比较——其他

国家（地区）	被引总量/次	16 个国家（地区）被引量/次	被引比值/%	施引总量/次	16 个国家（地区）施引量/次	施引比值/%
US 美国	703 817	692 858	98.44	76 951	760 007	98.76
JP 日本	173 405	171 117	98.68	128 982	127 859	99.13
DE 德国	60 402	59 195	98.00	50 586	49 913	98.67
FR 法国	26 108	25 471	97.56	19 627	19 331	98.49
CA 加拿大	21 317	20 864	97.87	19 835	19 470	98.16
GB 英国	20 204	19 819	98.09	13 950	13 644	97.81
CH 瑞士	15 518	15 137	97.54	13 968	13 766	98.55
IT 意大利	10 852	10 544	97.16	8 976	8 751	97.49
SE 瑞典	7 722	7 522	97.41	6 474	6 356	98.18

续表

国家（地区）	被引总量/次	16个国家（地区）被引量/次	被引比值/%	施引总量/次	16个国家（地区）施引量/次	施引比值/%
NL 荷兰	7 372	7 021	95.24	7 084	6 883	97.16
TW 中国台湾	6 354	6 113	96.21	8 365	8 163	97.59
AU 澳大利亚	6 071	5 909	97.33	5 142	5 054	98.29
KR 韩国	4 919	4 823	98.05	7 831	7 707	98.42
AT 奥地利	2 730	2 679	98.13	2 375	2 324	97.85
BE 比利时	2 623	2 577	98.25	2 400	2 370	98.75
FI 芬兰	2 184	2 134	97.71	2 225	2 185	98.20

纵观自被引统计表（表 4.21），美国在该类的自被引率仍高居总量的 82.47%，说明美国的科学技术发展得十分完善和全面。中国台湾与韩国的自被引率分别为 23.28%，25.88%。通过对其他大类的分析我们已知，中国台湾地区与韩国经历过劳动密集型逐渐转化成知识密集型的过程，而劳动密集型的工业依然保留。澳大利亚该类的自被引率仅为8.10%。

表 4.21　国家（地区）专利自被引统计表——其他

国家（地区）	被引总量/次	自被引总量/次	自被引率/%
US 美国	703 817	580 445	82.47
JP 日本	173 405	73 059	42.13
DE 德国	60 402	17 010	28.16
FR 法国	26 108	4 596	17.60
CA 加拿大	21 317	2 496	11.71
GB 英国	20 204	1 883	9.32
CH 瑞士	15 518	3 296	21.24
IT 意大利	10 852	1 849	17.04
SE 瑞典	7 722	1 198	15.51
NL 荷兰	7 372	905	12.28
TW 中国台湾	6 354	1 479	23.28
AU 澳大利亚	6 071	492	8.10
KR 韩国	4 919	1 273	25.88
AT 奥地利	2 730	563	20.62
BE 比利时	2 623	406	15.48
FI 芬兰	2 184	352	16.12

这类的关系网络中最为清晰的五条连线都发生在与美国的关系中，分别是美国与日本（75 025、38 230）、德国（27 094、17 649）、加拿大（15 010、11 979）、法国（14 252、8655）、英国（13 460、7476），如图4.9 所示。通过中心度统计数据可以看出，临近两国（地区）间点入度排列比较紧凑，仅日本与德国拉开距离。如表 4.22 中的比值所示，这五国之间的联系也最密切，而与各国（地区）之间活动最活跃的同样是这五国。中心势方面也反映出，这类的点入度中心势（8.508%）比点出度中心势（14.872%）体现出更为紧凑的特征。

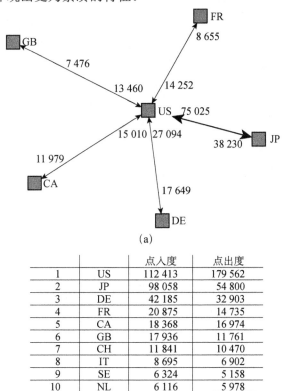

(a)

		点入度	点出度
1	US	112 413	179 562
2	JP	98 058	54 800
3	DE	42 185	32 903
4	FR	20 875	14 735
5	CA	18 368	16 974
6	GB	17 936	11 761
7	CH	11 841	10 470
8	IT	8 695	6 902
9	SE	6 324	5 158
10	NL	6 116	5 978
11	AU	5 417	4 562
12	TW	4 634	6 684
13	KR	3 550	6 434
14	BE	2 171	1 964
15	AT	2 116	1 761
16	FI	1 782	1 833

网络中心度（点入度）=8.508%
网络中心度（点出度）=14.872%

(b)

图 4.9　其他类国家（地区）间专利引用网络关系

表4.22 各国（地区）首选引用目标国（地区）状况——其他

被引国家（地区）	施引国家（地区）			施引国家（地区）	被引国家（地区）		
	1	2	3		1	2	3
US 美国	JP 34.01%	DE 15.70%	CA 10.66%	US 美国	JP 41.78%	DE 15.09%	CA 8.36%
JP 日本	US 76.51%	DE 8.26%	FR 2.46%	JP 日本	US 69.76%	DE 12.10%	FR 3.99%
DE 德国	US 64.23%	JP 15.72%	FR 3.47%	DE 德国	US 53.64%	JP 24.61%	FR 5.01%
FR 法国	US 68.27%	JP 10.49%	DE 7.90%	FR 法国	US 58.74%	JP 16.38%	DE 9.94%
CA 加拿大	US 81.72%	JP 5.72%	DE 3.54%	CA 加拿大	US 70.57%	JP 9.66%	DE 6.06%
GB 英国	US 75.04%	JP 7.78%	DE 6.09%	GB 英国	US 63.57%	JP 12.54%	DE 9.09%
CH 瑞士	US 60.66%	JP 11.76%	DE 10.56%	CH 瑞士	US 52.29%	JP 17.28%	DE 12.23%
IT 意大利	US 59.97%	JP 9.58%	DE 9.28%	IT 意大利	US 48.97%	JP 14.97%	DE 14.95%
SE 瑞典	US 67.24%	JP 7.72%	DE 7.51%	SE 瑞典	US 51.88%	JP 13.92%	DE 12.00%
NL 荷兰	US 69.75%	JP 7.54%	DE 4.77%	NL 荷兰	US 58.80%	JP 15.17%	DE 7.75%
TW 中国台湾	US 75.14%	JP 11.33%	CA 2.70%	TW 中国台湾	US 62.76%	JP 18.72%	DE 4.88%
AU 澳大利亚	US 80.34%	JP 5.74%	DE 2.66%	AU 澳大利亚	US 68.90%	JP 11.60%	DE 5.74%
KR 韩国	US 62.37%	JP 20.90%	DE 4.45%	KR 韩国	US 68.90%	JP 11.60%	DE 5.74%
AT 奥地利	US 61.77%	DE 9.78%	JP 8.18%	AT 奥地利	US 49.19%	JP 34.82%	DE 5.46%
BE 比利时	US 58.04%	JP 11.88%	DE 8.98%	BE 比利时	US 46.23%	JP 23.37%	DE 10.18%
FI 芬兰	US 66.84%	JP 6.68%	DE 6.45%	FI 芬兰	US 59.90%	JP 13.15%	DE 8.51%

通过上述分析我们可以得到以下几点结论。

首先，基于专利引用所产生的国家（地区）间的知识流动是客观存在的。科技的高速发展使得没有哪一个国家（地区）可以单纯依靠自己来进行技术创新，而必须通过广泛地学习和吸收来自世界各国（地区）的先进科技知识。技术水平较高的国家（地区）有能力更多地依靠本国（地区）知识资源（自引），而大部分国家（地区）则相对较多地需要依赖国外（地区）知识资源。专利的引用不涉及法律纠纷，是一种被普遍利用的知识交流方式。

其次，统计数据表明，美国是全球知识流动的主要节点。美国不但具有较高的总体知识流入和流出水平，具体到每个国家（地区），也能发现其与美国之间密切的知识交流活动。这里面固然有"本地效应"存在，也能够充分展示出美国强于其他各国（地区）的科技实力。仅次于美国的是日本、德国这样的老牌发达国家及韩国、中国台湾这样的新兴发达国家（地区），全球的知识流动格局尚未因以中国为首的发展中国家的崛起而改变。

最后，全球的知识活动格局警示我们，要实现我国创新型国家建设的目标必须融入主流的知识活动圈中。自主创新并非封闭的，而应是开放的，我们必须学会借鉴世界各国（地区）的优秀科技成果，同时也不断输出自己的优秀科技成果，从知识流入和流出两方面融入全球知识活动网络中，并不断提升自己的核心位置，成为关键节点，最终通过对知识流动的影响而实现国际竞争力的提升。

第 5 章　基于专利引文的技术演进路径识别

5.1　国内外研究状况

5.1.1　技术演进的相关研究

1. 技术范式与技术轨道

关于技术演进的研究最早始于"技术范式"和"技术轨道"的研究。范式（paradigm）这一概念最早由罗伯特·金·默顿（Robert King Merton）（默顿，1990）于 20 世纪 40 年代提出。在 1962 年，库恩（2003）运用这一概念分析科学理论研究的演化方式使得"范式"在科学界广为传播。此后，拉卡托斯的科学纲领论进一步对范式进行了阐释（拉卡托斯，1986；郑雨和沈春林，1999）。1982 年，意大利的技术创新经济学家乔瓦尼·多西总结了克莱珀（Klepper）、普赖斯等对技术演进的线性和动力问题的研究（Klepper，1996，1997），并以纳尔逊和温特的"自然轨道"（natural trajectory）（Nelson and Winter，1982）为基础，提出了"技术范式"（technological paradigm）和"技术轨道"（technological trajectories）的概念。他将"技术范式"定义为一组以解决技术问题为目的，被相关人员（包括设计师、工程师、企业家和管理人员等）所接受与遵循的原理、规则、方法、标准、习惯的总体，也可以看作一种模型或模式；技术轨道则是由技术范式中隐含的对技术变化方向做出明确取舍的规定所决定的解决问题的具体活动或可能的技术发展方向，用来刻画和描述技术发展的积累和演化特征（Dosi，1982）。他认为，某一技术领域若有较大的发展或突破，相应的技术体系即会形成一种技术范式。若该技术范式长期地支配该领域技术创新的方向，那么这一范式就形成一条技术轨道，在技术轨道上就会有创新集群发生（Dosi，1988）。技术轨道的实质是企业在特定经济、技术变量的约束下，依据一定的技术方式进行技术创新努力的可行路径，是多维空间中一组可能的技术成长方向，其外部边界由技术范式本身决定（Jenkins and Floyd，2001）。Dierickx 和 Cool（1989）考虑到技术轨道的路径依赖性，将其定义为"追循一项技术发展的一系列路径依赖的经历"。

我国学者傅家骥认为有两种基本的技术活动决定了技术轨道的发展方向。一种是在常规科技进步的推动下，由确定的技术范式所导向的连续累积性的技术创新。这种技术轨道一旦形成就很难改变，经验表明它会持续很长的一段时间，这体现了技术轨道的"刚性"。另一种是在"反常"的技术变迁中出现的技术演进路径的转换，这种情况往往被认为是技术轨道"根本性""革命性"的转变，是对原有技术轨道的"突破"。这一现象的产生主要是由于"作为特定行业发展基础的科学研究、技术攻关的新进展"，"市场需求的重大变化"和"主导企业的技术演进路径发生了跳跃性的变化"（傅家骥等，2003）。

2. 技术演进路径识别对创新的作用

技术实力是企业赖以生存和发展的要素。只有掌握了具备强大生命力的技术，才有能力制造出最具市场竞争力的高技术产品，进而发展壮大并立于不败之地。如何洞察并创造蕴含蓬勃生命力的技术，制造出更有竞争力的产品，在激烈的竞争中占据有利地位，是企业取胜的关键。正是因为技术演进路径的识别能够推进技术创新的步伐，国内外学者也开展了大量研究。

李浩和戴大双（2005）通过对技术演进和技术轨道的特点进行分析，论证了高新技术企业沿技术轨道创新的必要性，并进一步提出了预测和识别新技术轨道的策略及高新技术企业如何进入新技术轨道的策略，为我国高新技术企业成长提供了新思路。杜跃平等（2004）将路径依赖融入技术演进路径理论，提出了路径依赖也可以促进企业技术创新的发展；在此基础上，提出顺沿技术轨道的创新（顺轨创新）可以帮助企业获取可持续竞争优势。许广玉（2005）通过对技术轨道概念的分析，指出自主创新应是高技术企业的最终战略选择，阐明了企业应如何正确识别和判断技术发展趋势，进入并沿着特定的技术轨道实现企业的持续技术创新。

由此可见，技术演进路径识别与创新活动是密切相关的。技术演进路径实现了技术和经济的有机结合，决定了技术创新的方向和强度，从而也就决定了企业发展的目标和前景。从技术演进路径、技术轨道和技术范式的概念出发，可以更科学有效地进行创新预测、决策和技术选择，准确把握企业的发展方向（Rechard et al., 2007）。从这一层面上来看，技术演进路径为发展中国家的企业提供了一种赶超发达国家的机会及在竞争中把握技术创新的有利时机，以此占据技术优势地位，避免技术落后造成的负面影响。

3. 技术演进路径的识别方法

关于技术演进路径评价与判断的研究，以往多是采取基于技术性能指标的"S"曲线法。新技术在产生初期发展较为缓慢，困难一旦被突破，技术进步将会加速，但到达一定的界限后，发展速度开始减慢，而后逐渐趋向饱和并向饱和限逼近，整个过程呈现出一个"S"的形状（刘昌年和梅强，2006）。

技术演进路径的形成受到各行业技术特点的影响，技术性能指标在行业间存在显著的差异性，甚至在同一行业，选取不同的性能指标会得到不同的评价结果。李利剑等（2008）用"S"曲线法考察高炉炼铁技术的发展规律。曲线以炼铁新工艺、新技术出现的时间先后为横轴，纵轴采用技术性能指标，主要分为两方面——产量的增长和焦比的降低，分别从提高产出效率和降低生产过程的能耗两个角度探讨技术发展与性能提高的关系，研究得到两条"S"形曲线，在时间演进方面略有不同，究竟哪条曲线能代表行业技术演进路径，文中并没有明确给出答案。

考虑到相关技术性能指标的局限性，国内的学者黄鲁成和蔡爽（2009）运用一系列专利指标进行技术变革的测度，将"专利数量""专利引用"作为考察变量，按照新技术出现的时间先后，通过时序分析、回归分析等方法探讨特定领域技术演进路径的形成与发展。这也为技术创新研究工作提供了一条新的思路。

综上，国内外的研究成果阐明了两个基本问题：①在特定的技术演进路径上，会出现一组技术的成长方向，这揭示了技术演进现象的存在；②技术演进路径对企业创新具有重要的参照作用。顺应技术演进方向进行技术创新，往往会收到较好的效果。上述研究展现了国内外研究成果在理论层面的探索，为自主创新策略的制定提供了明确的指导思想。

正如前文所述，技术演进路径的重要性及其对创新的指导与启示作用已经十分明确。但是，如何准确地识别技术演进路径及明确我们在技术演进路径中的位置，以往的研究成果没有提供准确的定量研究的方法供我们在实践中参考。因此，无论是从理论还是实践层面，对技术演进路径识别的研究都体现出必要性与紧迫性。从微观层面来看，技术演进路径可以被视为知识活动的路径，代表着更加具体的技术发展脉络，若干条技术演进路径融汇成技术发展历程。

5.1.2　技术演进的经典理论

伴随着经济的发展，技术不断地接受着混合经济、市场竞争和其他选择形式的选择，新技术不断被挑选出来，它们根据经济的或制度的准则，被"优先选用"（多西等，1992），在这一过程中，技术得到了演进和加强。艾伯纳西（Abernathy）和厄尔巴特（Utterback）详细考察了技术演进的过程，于 1975 年提出了一个关于技术创新的三阶段模型，即A-U 模型，它将一个完整的技术创新过程划分为三个阶段，即流动性阶段（fluid phase）、过渡性阶段（transitional phase）及明确性阶段（specific phase）。艾伯纳西和厄尔巴特认为，区分流动性和过渡性阶段的标志在于主导设计（dominant design），随着主导设计的出现，过程创新（process innovation）活动将超过产品创新（product innovation）活动，当创新进入到明确性阶段后，无论是产品创新活动还是过程创新活动均将减少（Damanpour，2001；Adner and Levinthal，2001）。由于特定技术的演进过程主要对应着产品创新行为，所以 A-U 模型实际上传递着这样一个隐含思想：技术的生长过程遵循着一个诞生、成长、成熟、衰弱的生命周期。库兹涅茨（Kuznets）、杜因（Duijn）等进一步明确地表达了这一思想，提出了关于技术演进的生命周期理论，也称"S"形曲线理论，典型的两周期技术演进过程如图 5.1 所示。显然，技术演进的生命周期理论与A-U 模型的基本原理是一致的。

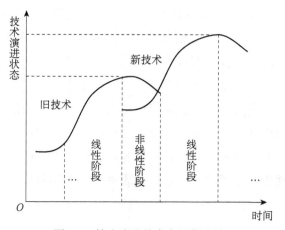

图 5.1　技术演进的生命周期理论

　　根据 A-U 模型及技术生命周期理论，技术的演进可以分为线性路径和非线性路径两个阶段（图 5.1）：当技术沿着线性路径发展时，技术进步主要表现为渐进的、积累的、连续性的过程，没有发生技术的跃迁，技术演进强调的是秩序性；当技术沿着非线性路径演化时，技术进步则主要表现为突变的、跃迁的、非连续性的过程，技术演进强调的是非秩序性。克莱柏、普雷斯、纳尔逊、温特和多西等对技术演进的线性和动力问题进行了研究（吴晓波和聂品，2008）。他们认为，由于技术机会、技术饱和限、技术轨迹及技术范式等原因，技术在演进的一定阶段内会表现出线性的特点，市场需求、技术机会、经济行为者的相异性和非对称性等是技术演进的动力（许庆瑞，1986）。需要进一步说明的是，多西提出的"技术范式"是一个重要的概念，按照它的定义，技术演进实际上也可以划分为范式内技术演进和范式转换过程中的技术演进两个阶段，分别对应于技术演进的线性和非线性两个阶段。

　　上述关于技术演进的经典解说阐明了技术演进的路径特征和动力机制，从而使我们对技术演进过程有了一个较为清晰的认识。

5.2　基于专利引文网络的技术演进路径识别方法

　　前文已经介绍了专利引文网络可以在一定程度上体现以知识活动为

基础的技术演进过程，本章的主要内容是设计一套以专利引文网络及其可视化为载体的识别特定技术的演进路径的普试性方法。这一目标的实现具体包括以下几个流程：分析指标与算法设计、数据采集与整合、数据分析、可视化图谱绘制与技术路径识别。

5.2.1　分析指标与算法设计

测量专利技术重要性的最直接的指标是专利引用频次，这一指标的使用存在一些局限性。冯·瓦尔特布尔格等（von Wartburg et al.，2005）曾提出，用专利引用频次来评估专利重要性的基本思想是评估网络节点的重要性。虽然这种方法能清晰直观地判断专利节点在网络中的重要性，但是若将其与网络的"整体连接结构"结合起来会更具说服力。对于一项特定专利技术的评估应该基于两点，即直接引用频次及它在引文网络结构中的整体地位。

休谟和道恩曾在 1989 年发表了关于 DNA 的科技文献引文网络所做的研究，试图寻找网络中与主流知识流动对应的"关键路径"。从某种意义上，如果把每一项单独的专利个体看作隐含着知识的零散片段，那么网络的"关键路径"可以被视为"主流思想"并能展现出这些知识片段之间的关联，进而由局部扩展到整体，来归纳整个网络的结构特征。在专利引文网络中，为了将专利引文信息揭示的技术演进路径呈现出来，我们也可以寻找专利引文网络的"关键路径"为基本出发点。

按照这一方法，每条专利引文路径依据其在整体网络结构中的位置被赋予权重。专利引文网络中的技术演进路径是一条连接网络中专利节点的时间序列。如图 5.2 所示，图中的圆点代表专利个体，连线代表存在引用关系，箭头的起点是被引专利，指向施引专利。例如，专利 A 被专利 C 引用，专利 C 继而被专利 D 引用，一直到专利 J。轨道即沿着 A→C→D→F→H→J 这样一个序列，表明伴随着专利引用过程，专利 A 将自身蕴含的知识与技术传递给专利 C，专利 C 又把结合了专利 A 的自身知识与技术继而传递给专利 D，依次进行，这样，某些知识与技术就沿着专利 A 经由中介专利完成了到专利 J 的传递过程。

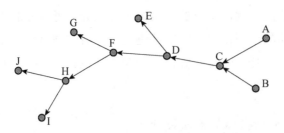

图 5.2 专利引文网络中的技术演进路径

确定网络的关键路径的测算方法之一是搜寻路径连接数目（search path link code，SPLC）。这一指标需要考虑网络中存在的所有路径，并计算相邻两节点之间的连线存在于所有路径中的频次。在图 5.3 中，A→C 这条线的 SPLC 值为 4，即在网络中的所有路径中，节点 A、C 之间的连线总共出现了 4 次，分别出现在 A→E、A→G、A→J 和 A→I 这 4 条路径上。再如，C→D 这条线的 SPLC 值为 8，它出现在 A→E、A→G、A→J、A→I、B→E、B→G、B→J 和 B→I 这 8 条路径上。

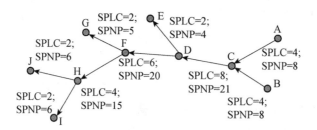

图 5.3 专利引文网络中的技术演进路径测算指标

另一个测算方法是搜寻路径节点对数（search path node pair，SPNP）。以连线 C→D 为例，它连接了 A、B 和 C 三点指向 D，使 C 与 D、E、F、G、H、I、J 七点相连。这样就可以确定 C→D 这条线的 SPNP 值为 21（3×7），即这条线总共连接了 21 对节点。由此可见，SPNP 测度方法更多考虑到在路径中充当"中介者"的节点，而不是仅仅着眼于起点和终点。这两种测度方法最终都是要找出专利引文网络中的关键技术及其轨道。

在大多数情况下，使用 SPLC 或 SPNP 这两种测算方法所得结果是类似的。如果网络中的节点较多，可以对测算结果进行标准化，或者选取某个区间的值，这样可以得到网络中较为关键的路径。图 5.4 是在图 5.3

的基础上，保留 SPNP 值不小于 6 的连线，得到的便是网络的"关键路径"，即用粗线表示的部分。在这一关键路径中，剔除了连线 D→E 和 F→G。这一方法通过删去专利引文网络里相对次要的连线从而找出最为重要的技术演进路径。

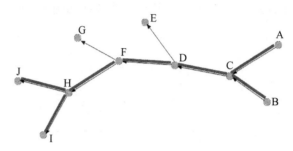

图 5.4 专利引文网络中的关键路径

5.2.2 数据采集与整合

1. 数据库的选取依据及介绍

随着国际互联网的广泛普及，近年来基于 Web 的专利数据库层出不穷，美国专利商标局建立的美国专利全文数据库收录美国专利的类型最为全面，收录的起始时间也最早。

美国专利全文数据库分为授权专利数据库（Issued Patents）和申请专利数据库（Published Applications）两部分（顾震宇和林鹤，2004）。授权专利数据库提供了 1790 年至今各类授权的美国专利，其中有 1790 年至今的图像说明书，1976 年至今的全文说明书（附图像链接）；申请专利数据库只提供了 2001 年 3 月 15 日起申请说明书的文本和图像。美国专利全文数据库包含了较全面的专利引文信息。作为一个重要的专利信息资源，具有数据数量大、质量高、覆盖面广、检索方便等优点，是当前专利引文研究经常采用的专利数据库。该数据库每周更新一次。

之所以选择美国专利全文数据库的数据作为数据来源，还有一个重要的原因是在全世界范围内，美国是最早建立专利制度的国家之一，其专利文献的科技含量很高，美国专利也是广大科研人员经常需要获取的具有重要参考价值的信息资源。

2. 数据下载软件介绍

本章采用中国台湾连颖科技股份有限公司开发的 PatentGuider（译作专利领航员）2.0 版本作为数据下载的软件。该软件整合了世界七大专利资料库，包括 USPTO[Issued]和 USPTO [Appl]、WebPat、TWPAT、EPO、WIPO PCT、Delphion、SIPO。该软件操作界面如图 5.5 所示。

图 5.5　PatentGuider 2.0 软件操作界面

3. 操作步骤及注意事项

技术之间存在的交叉性使得技术间的边界越来越模糊。大多数情况下，在专利分类体系中，一项专利并不是仅仅对应唯一的专利号标识，它可能分布在若干个专利号标识下，界定某项技术的所属类别这项工作就显得较为复杂。这就需要谨慎筛选作为研究对象的技术门类对应的专利号，力求确保研究结果的准确性和可靠性。

在进行专利数据下载之前，首先需要确定所需专利的范围，为了避免无关数据对分析结果的干扰，在数据检索时应做好以下准备工作。

一是确定分析领域对应的专利。由于一个技术门类包含众多的技术类型，并且每项具体的技术又对应着多项专利，如果在数据库中搜索技术门类的相关专利，很难找出该技术门类涉及的每一项具体技术，并将它们全部罗列出来。为了提高数据样本的精准度，可以通过查阅大量专利文件及与被研究技术相关文献，并咨询相关学者与专家，综合多方见解，最终选取了最能反映该技术领域水平的具有代表性的专利小类作为实证研究的数据来源。另外，为了从已经确定的数据来源资料库中获取这些专利的信息，使数据来源与本章相符，我们借助于PatentGuider 2.0 软件。之所以选择这一工具，是因为该软件能够实现IPC 专利号与美国专利全文数据库采用的 UPC 对应关系的识别与直接转换。

二是确定专利类型。由于发明专利最能体现创造性，对于技术创新的水平最具代表性，本章中提及的专利特指发明专利。

三是确定时间跨度。因为技术的发展及技术演进路径的形成需要在长时间的基础上才容易观察，所以时间跨度越大，越有利于技术演进路径的识别。此外，需要考虑数据库中包含数据的特征，选取一个适当的时间范围内的专利数据作为研究对象。

四是纠错工作。由于一些主客观原因，数据库操作人员进行数据录入工作时，可能存在误差，需要对所获数据进行细致的检查，剔除重复或无效数据，并按照统一的格式对其进行规范化处理，以确保后期工作的顺利进行。

4. 数据整合工具介绍

借助数据库操作软件 Microsoft Access 2007 实现原始专利引文数据的整合（封超和史永利，2008）。该软件提供的向导功能使用户可以创建交叉表查询。交叉表查询功能可以把用户需要的信息集中起来，并使用这些信息生成一个图表，反馈给用户一个表内的总计数字，并对数据进行独特的概括。这样可以更加方便地分析数据。

交叉表查询显示来源于表中某个字段的统计计算结果，并将它们分组显示在查询结果中。简单地说，交叉表查询就是一个由用户建立起来的二维总计矩阵。这个查询由指定的字段建立总计数据，并以类似电子表格的形式显示。

首先，将原始数据导入到 Access 数据库中，需要注意的是，原始数据中包含了专利的大量信息，为了节省软件运行的时间，可以在导入时只选择与研究相关的部分，并对字段进行重新设定，以简化程序运行并缩短运行时间，避免不必要的数据造成的信息冗余。导入后的数据表如图 5.6 所示。

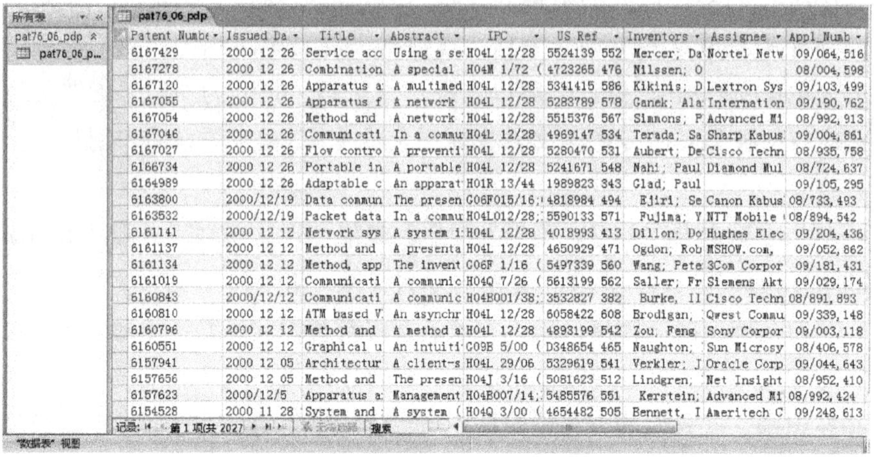

Patent Numbe	Issued Da	Title	Abstract	IPC	US Ref	Inventors	Assignee	Appl_Numb
6167429	2000 12 26	Service acc	Using a se	H04L 12/28	5524139 552	Mercer; Da	Nortel Netw	09/064,516
6167278	2000 12 26	Combination	A special	H04M 1/72 (	4723265 476	Nilssen; O		08/004,598
6167120	2000 12 26	Apparatus a	A multimed	H04L 12/28	5341415 586	Kikinis; D	Lextron Sys	09/103,499
6167055	2000 12 26	Apparatus f	A network	H04L 12/28	5283789 578	Ganek; Ala	Internation	09/190,762
6167054	2000 12 26	Method and	A network	H04L 12/28	5515376 567	Simmons; P	Advanced Mi	08/992,913
6167046	2000 12 26	Communicati	In a commu	H04L 12/28	4969147 534	Terada; Sa	Sharp Kabus	09/004,861
6167027	2000 12 26	Flow contro	A preventi	H04L 12/28	5280470 531	Aubert; De	Cisco Techn	08/935,758
6166734	2000 12 26	Portable in	A portable	H04L 12/28	5241671 548	Nahi; Paul	Diamond Mul	08/724,637
6164989	2000 12 26	Adaptable c	An apparat	H01R 13/44	1989823 343	Glad; Paul		09/105,295
6163800	2000/12/19	Data commun	The presen	G06F015/16;	4818984 494	Ejiri; Se	Canon Kabus	08/733,493
6163532	2000/12/19	Packet data	In a commu	H04L012/28;	5590133 571	Fujima; Y	NTT Mobile	08/894,542
6161141	2000 12 12	Network sys	A system i	H04L 12/28	4018993 413	Dillon; Do	Hughes Elec	09/204,436
6161137	2000 12 12	Method and	A presenta	H04L 12/28	4650929 471	Ogdon; Rob	MSHOW.com,	09/052,862
6161134	2000 12 12	Method, app	The invent	G06F 1/16 (	5497339 560	Wang; Pete	3Com Corpor	09/181,431
6161019	2000 12 12	Communicati	A communic	H04Q 7/26 (	5613199 562	Saller; Fr	Siemens Akt	09/029,174
6160843	2000/12/12	Communicati	A communic	H04B001/38;	3532827 382	Burke, Il	Cisco Techn	08/891,893
6160810	2000 12 12	ATM based V	An asynchr	H04L 12/28	6058422 608	Brodigan,	Qwest Commu	09/339,148
6160796	2000 12 12	Method and	A method a	H04L 12/28	4893199 542	Zou, Feng	Sony Corpor	09/003,118
6160551	2000 12 12	Graphical u	An intuiti	G09B 5/00 (	D348654 465	Naughton;	Sun Microsy	08/406,578
6157941	2000 12 05	Architectur	A client-s	H04L 29/06	5329619 541	Verkler; J	Oracle Corp	09/044,643
6157656	2000 12 05	Method and	The presen	H04J 3/16 (	5081623 512	Lindgren;	Net Insight	08/952,410
6157623	2000/12/5	Apparatus a	Management	H04B007/14;	5485576 551	Kerstein;	Advanced Mi	08/992,424
6154528	2000 11 28	System and	A system (	H04Q 3/00 (	4654482 505	Bennett, I	Ameritech C	09/248,613

图 5.6 导入原始数据后 Access 建立的数据表

其次，对数据进行仔细检查，建立专利引用的对应关系。

再次，创建表间关系，建立交叉表查询。

最后，形成专利交叉查询表。

这样，就得到了研究所需的专利引用关系，这种关系可以表现为专利类别之间的引用值矩阵形式，也可以表现为其他多种形式。根据具体研究需要自行设置，在此不作详述。

5.3 技术演进路径的识别工具

5.3.1 图谱绘制软件简介

可视化工具扩展了人类的视觉功能，它允许人们对大量抽象的数据进行分析。而事实上人的创造性不仅取决于人的逻辑思维，同时取决于人的形象思维。海量的数据只有通过可视化手段形成可以看到的图像，才能激发人的形象思维，才能在表面上看来杂乱无章的海量数据中找出其中隐藏的规律，为科学发现、工程开发、医疗诊断和业务决策等提供依据。

　　采用 Pajek 软件作为技术演进路径图谱的绘制工具。Pajek（Program Analysis for Large Network）是由卢布尔雅那大学的 Vladimir Batagelj 和 Andrej Mrvar 于 1996 年开发的一个专业大型网络分析和可视化软件，其在斯洛文尼亚语中意指蜘蛛（Wouterde et al., 2005），于 1997 年 1 月 15 日正式发布 0.1 版，至今已经发布了 90 多个版本，该软件是一项基于 Windows 的非商业应用软件，可以在网络上免费获取最新版本。

　　与一般的网络分析软件不同的是，对于那些包含成千上万个节点的大型网络，Pajek 可以进行处理及可视化分析。除了能为用户提供强有力的可视化工具之外，它还可以辅助其实现用于大型网络分析的有效算法，并支持将大型网络分解为若干小型网络，以便于进行更加深入细致的分析。

　　正是因为上述优点，Pajek 软件成为中外的网络研究相关学者在研究中常用的工具，越来越多地应用于多种网络的分析及可视化研究过程中。例如，Loet Leydesdorff 等使用 Pajek 对中国科技期刊引文网络进行了详细的分析（金碧辉等，2005）。孟微和庞景安（2008）则利用 Pajek 对情报学合著网络进行了可视化研究。

　　我们使用的是 Pajek 1.26 版本，该软件的操作界面如图 5.7 所示。

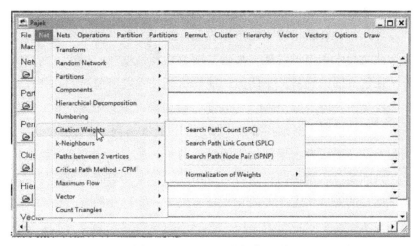

图 5.7　Pajek 1.26 的操作界面

Pajek 软件的输入方式比较灵活，可以直接定义一个小网络，也可以从外面导入数据生成网络，除了本身的数据格式之外，它还支持很多其他软件数据格式的导入。软件的结构建立在网络、分类、向量、排序、群和层级 6 种数据结构之上。主窗口的 17 个菜单显示了可进行的所有操作，包括网络、分类、向量和绘图。其中，"网络"菜单包括网络变换、生成随机网络和层次分解等功能；"分类"菜单则包括生成随机分类、规范化分类及从分类中生成网络等操作；"向量"菜单包括生成选定维数的识别向量、从给定向量中抽取子向量和将给定向量变形等与向量相关的内容；关于"绘图"菜单，在进行绘图操作时，屏幕上会弹出一个独立的绘图窗口，其中有很多关于绘制、修改和导出网络图的详细操作，可以帮助我们绘制出所需的网络图并导出成多种格式的文件。

5.3.2　技术演进路径识别的意义

在专利引文网络图谱的基础上，从中找寻隐藏在知识活动背后的技术演进路径对于技术创新主体具有至关重要的作用。

从对技术产生、发展和演进的考察中发现：一些技术自产生之日起，不断发展成熟并获得广泛应用；相反，有一些技术在产生之后，由于某种原因未能得到广泛应用以至于被淘汰直至消亡。如果技术创新主体尤其是企业能够清楚地了解技术的演进历程，并在此基础上进行创新和引导其发展，往往会获得较高的市场收益，组织本身也能不断成长。这就需要企业对技术和市场发展有很强的前瞻性和预见性。事实证明，大多数公司在这方面的优势并不明显，能够引领技术发展前沿的，往往是少数实力雄厚的公司，如 IBM、英特尔、微软等。由此可见，企业若想获得长远的良性发展，必须找准技术演进的过程和方向。

此外，还需要善于识别技术的发展前景，在已有技术演进路径的基础上，判断新技术演进路径是否可能形成。以下几个因素可能导致新技术演进路径的形成：①产业的重大技术突破；②行业的重大技术突破，如信息技术给其他产业带来的巨大影响；③消费观念的转变，如环保意识、保健意识的提高；④政治、经济形势等技术发展环境的改变，如中东石油危机曾对汽车发展产生很大冲击。

就我国而言，绝大多数企业的实力还比较弱，多处于成长前期，尚不具备创立技术标准和引导技术演进发展的实力与优势，更应注意对现有相关技术演进路径的识别，并加以充分利用，从中找寻技术演进的规律性，进而顺应产业和技术发展的潮流。在积累了足够的实力之后，再去谋求技术演进引导者的地位。

5.4　实证研究 1——以以太网技术为例

我们选取以太网技术作为研究对象，运用上文介绍的方法进行实证分析，在专利引文网络的基础上来展现以太网技术的动态演进过程，揭示技术间的关联性，呈现技术发展的历史脉络及演进轨迹，以期预测未来可能的技术发展方向。

5.4.1　以太网技术简介

以太网指的是由施乐（Xerox）公司创建并由施乐、英特尔（Intel）和 DEC 公司联合开发的基带局域网规范。以太网络使用载波监听多路访问/冲突检测（carrier sense multiple access/collision detection，CSMA/CD）技术，并以 10Mbps（兆比特每秒）的速率在多种类型电缆上运行，它是当今现有局域网采用的最通用的通信协议标准，定义了局域网中采用的电缆类型和信号处理方法。

1. 标准以太网

以太网的名称是由加利福尼亚施乐公司的帕洛阿尔托研究中心（Palo Alto Research Center）的梅特卡夫（Bob Metcalfe）于 1973 年 5 月 22 日首次提出的。这一网络系统用于连接高级的计算机工作站，使各工作站之间、工作站与高速激光打印机之间能互相传递数据。该项目将计算机技术融入其中，是施乐扩大核心业务的一项战略举措。该研究中心还创造了许多革命性的发明技术，如激光打印机和文件服务器。它的建立具有十分深远的影响（Von Burg，2001）。

1974 年，梅特卡夫与大卫博格斯合作研发了第一个收发器并获得专利，仍然是小范围的尝试。直到 20 世纪 80 年代，以太网的大规模使用才成为可能。1979 年，DEC、英特尔公司和施乐公司结成 DIX 联盟，致力于使以太网成为业界共同认可的标准（Von Burg，2001）。另一项发展是电气和电子工程师协会研究所官方标准化进程的正式开始，并最终于 1985 年实现了以太网的标准化。1980 年 2 月，以太网开始被作为 IEEE 802 项目组的标准。

1981 年，3Com——梅特卡夫资助的施乐分公司，生产出早期的收发器和与 DEC 小型机兼容的控制器。同年 DEC 与 AMD、莫斯泰克合作，并开始为以太网收发器开发早期的集成电路。3Com 和翁格曼低音紧随其后，分别与 Seeq 公司和富士通达成了合作协议。同年 8 月，3Com 对收发器进行重新设计，试图把更多精力投向个人计算机（PC）市场并缩小以太网市场规模。同一时期，采用更细同轴电缆的以太网新版本得到开发，在 20 世纪 80 年代末期出现了标准化和商品化的以太网版本（10Base-T），即采用了双绞线铜缆的以太网技术。

与以太网技术的发展并驾齐驱的另一项通信技术是令牌环。20 世纪 70 年代初，大卫法布尔在美国加利福尼亚大学欧文分校发明了一种与以太网接入方式不同的网络，经过发展，就成了后来的令牌环（Sirbu and Hughes，1986；Von Burg，2001）。

法伯环在 20 世纪 70 年代得到蓬勃发展，如 1974 年英国剑桥大学计算机实验室建立的剑桥环，麻省理工学院 Saltzer、Pogran 和 Clark 发明的星型环。80 年代初，其他制造商已经开始采用令牌环产品形成几种定位环境。

1984 年，IEEE 起草了最初的令牌环标准。由于它的大部分特性已经知道，包括 IBM 在内的一些制造商都支持令牌环网对抗以太网。两个至关重要的评价标准因素已经得到了认可。第一个因素是媒介支持。从这个角度看，令牌环具有成本优势，因为以太网所需同轴电缆要比令牌环的屏蔽双绞线昂贵得多。第二个因素是配置延伸。在此方面令牌环还是体现为成本优势。以太网相比令牌环而言，具有的一个技术优势是它的高速度（10Mbps vs 4Mbps）。尽管这两个因素凸显了局域网的劣势，然而，对局域网连接的需求转变成了相对无弹性的连接成本。此外，技术的变革加之由 DIX 联盟开始实施 TEEE 标准化推动的开放许可证战略可使成本大大降低。到 20 世纪 80 年代末,以太网能够吸引比令牌环更多的支持。混合技术特点、标准化战略和时间优势将给以太网的发展注入更强的竞争促动力。

2. 快速以太网及发展

随着网络的发展,传统的标准以太网技术已经难以满足日益增长的数据流的速度需求。从技术角度来看,扩大局域网和数据视频传输的发展,也带来数据和信息量的增长,这就会使传输堵塞的可能增加,致使网络传输性能降低。减少堵塞最直接的方式就是通过发展新标准以便于增加总网络的带宽。

对于要求 10Mbps 以上数据流量的局域网,只有光纤分布式数据接口(fiber distributed data interface,FDDI)可供选择,但它是一种价格昂贵的以 100Mpbs 光缆为基础的局域网。1993 年 10 月,Grand Junction 公司推出了世界上第一台快速以太网集线器 Fastch10/100 和网络接口卡 FastNIC100,快速以太网技术正式得以应用。随后英特尔、SynOptics、3Com、BayNetworks 等公司亦相继推出快速以太网装置。与此同时,IEEE 802 工程组亦对 100Mbps 以太网的各种标准(如 100BASE-TX、100BASE-T4、MII、中继器、全双工等)开展了研究。1995 年 3 月,IEEE 公布了 802.3 快速以太网标准,就这样开始了快速以太网时代(方红伟等,2000;Melatti,1994)。

表 5.1 总结了以太网演进过程中的重要阶段,并将其与其他一些重要事件放在一起,从而来看局域网技术的发展特点。

表 5.1　局域网演变的"里程碑"事件

年份	以太网	其他局域网标准或设备
1970~1971		Farber's UC Irvine Ring
1973	位于施乐帕洛阿尔托研究中心以太网试验	
1974	以太网收发信机设计	
1980	DIX 版以太网标准 1.0 版本	麻省理工学院的星状令牌环网
1981	小型机以太网接收器和控制器	
1981	粗缆以太网(10Base-5)	
1981	以太网中的超微半导体(AMD)和莫斯泰克传送芯片	

年份	以太网	其他局域网标准或设备
1981	3Com 发布了细缆以太网（10Base-2）和收发机及个人计算机使用的板材	Proteon 发布了专有的 10Mbps 令牌环网
1982	DIX 版以太网标准 2.0 版本	
1985	以太网标准 IEEE 802.3 获准	SynOptics 发布了第一代多端口以太网集线器
1985	细缆以太网（10Base-2）	
1987	IEEE 成为 10Base-T 的正式标准	
1988		适用屏蔽双绞线的 16Mbps 令牌环网
1990	10Base-T 标准获准（IEEE 802.3i）	Kalpana 发布了第一代以太网交换机
1991		适用非屏蔽双绞线的 16Mbps 令牌环网
1992	IEEE 成为快速以太网的正式标准	
1993	第一代快速以太网产品	
1995	快速以太网标准获得批准（IEEE 802.3u）	

5.4.2 数据检索及采集

首先,确定以太网技术对应的专利号。选取国际专利分类表中的 IPC 分类号为 H04L12 的这一类别下所包含的 10 个最能反映以太网技术水平的具有代表性的专利小类作为实证研究的数据来源,每一小类相应的 IPC 号及涵盖的技术内容如表 5.2 所示。另外，为了从已经确定的数据来源资料库中获取这些专利的信息,使数据来源与本章相符,我们借助于 PatentGuider 2.0 软件。之所以选择这一工具,是因为该软件能够实现 IPC 专利号与美国专利全文数据库采用的 UPC 对应关系的识别与直接转换。

表 5.2 以太网相关专利分类号

类别	IPC 分类号	技术内容
1	H04L12/28	以通路配置为特征的数据交换网络,如局域网（LAN）、广域网（WAN）
2	H04L12/413	用随机存取的总线网络, 如 CSMA-CD
3	H04L12/417	用确定性存取的总线网络, 如令牌传送
4	H04L12/43	用同步传输的环形网络，如时分多路复用（TDM）、时隙环形
5	H04L12/433	用异步传输的环形网络, 如令牌环、寄存器插入
6	H04L12/44	星形或树形网络
7	H04L12/46	网络的互联

续表

类别	IPC 分类号	技术内容
8	H04L12/50	电路交换系统，即在通信期间通路具有完全永久性的系统
9	H04L12/52	使用时分技术的电路交换系统
10	H04L12/56	分组交换系统

　　根据以上几点，进入 PatentGuider 2.0 软件平台，选择新建项目，将新项目命名为"以太网（1）"，如图 5.8 所示。在"文件"菜单栏下，点击"在线搜索专利"，随即转入新的窗口。在新窗口中，选择"USPTO Issued"数据库，并设定如下两个检索字段：①字段"Issued Date"，关键词为"1976/01/01-2006/12/31"；②字段"Int.Class"，关键词为"1976/01/01-2006/12/31"。逻辑连接词选定为"AND"，选择开始查询，如图 5.9 所示。在 PatentGuider 软件环境中，该项目的数据查询分为两个阶段，第一阶段的查询结果是在给定的查询条件下，所有符合条件的专利的基本属性信息，包括专利号（Patent Number）、专利授予日期（Issued Date）、名称（Title）、摘要（Abstract）、发明人（Inventors）、专利权人（Assignee）等。第二阶段则是在专利号已有的基础上，进行其他属性值的搜索和填充，最终得到这 10 类专利的完整信息。

图 5.8　新项目

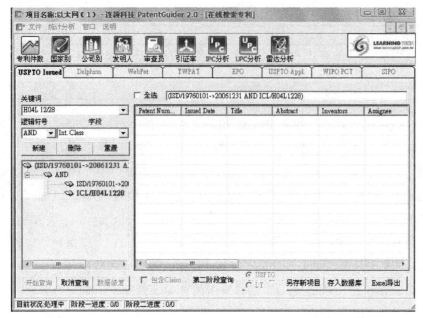

图 5.9　查询专利

5.4.3　数据整合与分析

经过对搜索得到的专利数据进行整理，得出表 5.3 所展示的结果。

表 5.3　以太网专利数量（1976～2006 年）

序号	IPC 分类号	专利数量/项	所占份额/%
1	H04L12/28	4 768	23.6
2	H04L12/413	806	4.0
3	H04L12/417	199	1.0
4	H04L12/43	176	0.9
5	H04L12/433	367	1.8
6	H04L12/44	435	2.1
7	H04L12/46	1 408	7.0
8	H04L12/50	274	1.4
9	H04L12/52	109	0.5
10	H04L12/56	11 697	57.8
总计		20 239	100.0

从表 5.3 中可以看出，以太网专利在各个小类的分布是不均衡的。
其中，小类 28、小类 413、小类 46 和小类 56 这四类专利的数量在总量
中的比例很大，达到 92%。图 5.10 显示了 1976～2006 年的每个小类的
专利数量在总额中的所占份额的比较及在时间序列上的变化趋势。

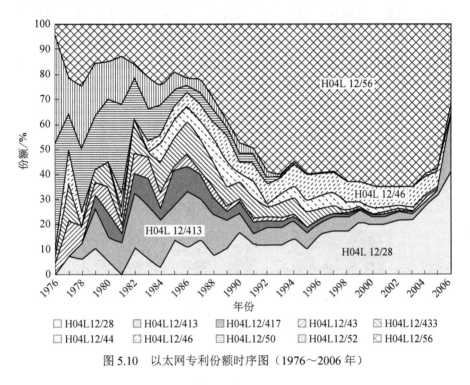

图 5.10　以太网专利份额时序图（1976～2006 年）

在图 5.10 中，我们重点标注了前面提到的所占比重较大的四个子类，
即 H04L12/56、H04L12/28、H04L12/413、H04L12/46。由图可知，在 1976～
2006 年，每年被授予的专利数量在所有类别被授予专利中的份额的增长
趋势尤为显著的是小类 28 和小类 56。此外，小类 413 在 1979 年、1982
年和 1986 年分别达到高峰，这一类的专利主要是随机存取的总线网络，
恰巧对应了发布于 1980 年的 DIX 版以太网 1.0 规范发布于 1982 年的 DIX
版以太网 2.0 规范及发布于 1985 年的以太网标准获准（IEEE 802.3）这
几个以太网发展史中的标志性重大事件。在 1990～1994 年和 1995～2000
年，小类 46 的被授予专利份额都有一定幅度的增长，这也是受到以太网
和快速以太网分别标准化的影响，与它们存在某种程度的关联性。在 10

类专利中，小类 56 的份额始终处于较高水平，并自 1987 年持续大幅度增加直至 2003 年，这种趋势才有所回落，其中在 20 世纪 90 年代增长尤为显著。

从图 5.10 中还可以观察到，几乎所有以太网专利小类，在 1986 年附近都达到了一个峰值，而且以太网标准获准恰恰发生在这一年，并且第一代多端口以太网集线器的发布也此期间。各类专利的发展趋势之所以呈现起伏升落的态势，一个原因是专利的申请和授予日期两者之间存在的时间差，另一个原因可能是技术的更新发展存在一个交替更迭的短暂滞缓阶段。

为了进一步考察各类专利间的引用情况，我们使用 Microsoft Access 数据库对原始数据进行处理。首先需要建立一个包含引用与被引关系的数据集，这一数据集中包含两列内容，一列是发生了引用活动的专利号，第二列是第一列专利所引用的专利号，如图 5.11 所示。

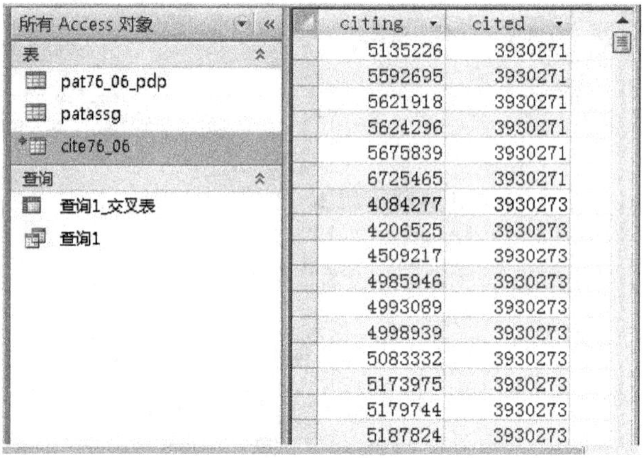

图 5.11　引文网络中的对应关系

通过专利原始数据和专利间的引用对应关系，结合 Access 提供的交叉表查询功能，建立在专利引文基础上的多表关系，如图 5.12 所示。于是得到了各类专利的交叉引用数据，将其导出到 Excel 工作表中，如表 5.4 所示。

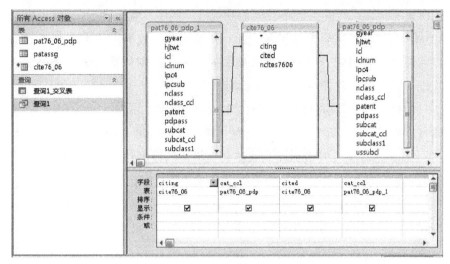

图 5.12　基于专利引文的多表关系

表 5.4　以太网专利交叉引用统计表（1976～2006 年）单位：项

IPC 分类		被引小类									施引总计
		28	413	417	43	433	44	46	50	52	56	
施引小类	28	4 325	631	383	122	263	315	897	35	41	4 128	11 140
	413	452	1 988	215	37	176	628	324	17	11	785	4 633
	417	113	196	473	30	251	48	63	7	5	172	1 358
	43	71	19	30	162	131	15	29	27	21	216	721
	433	89	85	254	181	980	89	301	17	13	485	2 494
	44	230	536	85	79	219	947	642	70	72	1 130	4 010
	46	879	462	160	156	537	811	5 873	78	42	9 833	18 831
	50	12	8	11	9	18	10	17	96	91	121	393
	52	9	6	8	7	9	5	6	89	87	42	268
	56	3 982	1 553	731	533	1 668	2 130	9 516	303	197	64 522	85 135
被引总计		10 162	5 484	2 350	1 316	4 252	4 998	17 668	739	580	81 434	128 983

　　表 5.4 显示了选取的以太网 10 类专利的引用交叉表，横向和纵向分别代表各类别下专利作为施引主体和被引主体的引用数量。两种引用活动的总数统计则显示在纵横各向的末栏。

　　从表 5.4 中可以看到：首先，观察矩阵主对角线上的各值，发现它们在各自的行列中值是最高的，这表明专利自引情况十分显著。从技术领域来看，以太网技术领域下各子类的发展大都相对自主。其次，引用数量比较突出的几个小类是小类 28、小类 46 和小类 56。无论从施引还是被引来看，这几类的数值都较其他高很多。其中，就小类 56 而言，将近 80%的引用均来自本类内部，而且专利数量相对较高。该类专利涵盖了与网络技术方面的分组交换系统相关的专利，范围从其系统定义和设备的设计开发到目前普遍采用的具体标准的执行。

如果不考虑自引情况，小类 413 引用小类 44 和小类 56 的专利数量最多。小类 413 所含专利可以视为一种以太网标准，而小类 44 和小类 56 的专利则与局域网设备如集线器和交换机的设计相关，内容更加广泛。作为局域网技术系统，大多数的引用是现行标准规范的执行。

为了检查表 5.4 的结果是否受每个类别专利总量差异的影响，故按相对强弱指数（RSI）将各类专利总量标准化，结果如表 5.5 所示。

表 5.5　以太网专利交叉引用 RSI 值（1976～2006 年）

IPC分类	被引小类									
	28	413	417	43	433	44	46	50	52	56
28	0.663	0.142	0.307	0.035	−0.165	−0.156	−0.260	−0.292	−0.100	−0.260
413	0.106	0.820	0.436	−0.122	0.071	0.555	−0.324	−0.219	−0.309	−0.577
417	0.027	0.545	0.901	0.368	0.697	−0.046	−0.494	−0.053	−0.100	−0.666
43	0.111	−0.235	0.391	0.913	0.693	−0.301	−0.546	0.735	0.733	−0.356
433	−0.377	−0.110	0.697	0.753	0.845	−0.041	−0.063	0.087	0.074	−0.529
44	−0.157	0.517	0.076	0.318	0.247	0.718	0.078	0.506	0.599	−0.383
46	−0.256	−0.268	−0.364	−0.104	−0.072	0.053	0.390	−0.161	−0.337	−0.095
50	−0.441	−0.352	0.211	0.384	0.163	−0.207	−0.520	0.954	0.962	−0.344
52	−0.402	−0.310	0.242	0.438	0.009	−0.350	−0.719	0.966	0.973	−0.602
56	−0.255	−0.400	−0.359	−0.239	−0.254	−0.215	−0.101	−0.234	−0.320	0.091

（左侧纵列标注：施引小类）

在表 5.5 中，主对角线上的所有数值均大于零，说明所有小类的专利自引高于平均水平，仍然说明以专利为载体的技术主要还是在自身所属的技术类别中承继和发挥作用。

通过对小类进行具体分析，发现：首先，小类 413 引用小类 417 和小类 44 的次数高于平均值，其中小类 413 包含以太网相关专利，小类 417 和小类 44 则分别是令牌环网和局域网设备相关专利。其次，小类 417、小类 43 和小类 433 的被引 RSI 值多为正值，分别比较它们各自对别类专利的引用水平，发现这几类专利更多地被其他类专利引用，被引活动强度明显高于施引活动。再次，从表 5.5 中也发现了一些有趣的现象，比如，一些小类呈现十分明显的倾向，要么倾向于充当施引者，要么倾向于作为被引者。例如，小类 44 在施引活动中总是表现得非常"主动积极"，行中的值多数都为正值，表明这一类专利对其他类别专利的引用活动往往高出平均水平；相比之下，小类 56 却总是很"消极被动"，除对角线外，它所在行列的值无一例外地均为负值，即无论在施引还是被引活动中都低于平均水平。最后，值得注意的是一些小类之间呈现的"相似引用"现象，这表现在小类 50 和小类 52 之间。两类专利包含了和"电路交换系统"相关的技术。在表 5.4 中，这两类间相互施引和被引的绝对数量非常低，都在 100 以内。但是在表 5.5 中，两者间的 RSI 却比较特别：对于小类 50 来说，它引用小类 52 的 RSI 与它的自引值相当；对于小类 52 来说，情况亦然。也就是说，"相似引用"的二者都趋向于引用或被来自同一类的专利所引用。

5.4.4 以太网技术演进路径的识别

这一节主要是在专利引文网络的基础上寻找技术演进路径的过程。运用 Pajek 软件得到了 1976～2006 年以太网相关专利的引文网络，由于篇幅限制，在此只选取关键路径分析的 SPNP 这一思路绘制以太网专利引文网络并识别技术演进路径。在 5.2 节中已经统计出以太网相关专利约有 20 239 项，如果将所有专利看作专利网引文网络中的节点，那么绘制出的图谱中则存在 20 000 个节点。为了最大限度地降低不相关的孤立节点对图谱效果的影响，需要在绘制图谱过程中对权重值（即 SPNP 值）进行标准化处理，这些在 Pajek 软件中操作十分方便。

图 5.13 显示了 1976～2006 年以太网专利引文网络中一个最大关联部分的图谱，由于节点数量及其错综复杂的关系，所以我们看到的只是一个概况图，如果想从中识别技术演进路径，还需对其进一步处理。

为了识别网络中的关键路径，对网络进行查找分层，并显示核心节点和标准化的处理，重新绘制出的图谱如图 5.14 所示。与图 5.13 相比，这幅图足以展现以专利为载体的技术演进轨迹。如果图 5.14 能将专利本身的时间属性同时展现，可想而知，对于技术演进路径的辨识是更加有效的。由于软件无法实现这一目标，于是，在图 5.14 的基础上，人为地加入时间因素。结合时间序列，将专利演进的脉络重新梳理，结果如图 5.15 所示。

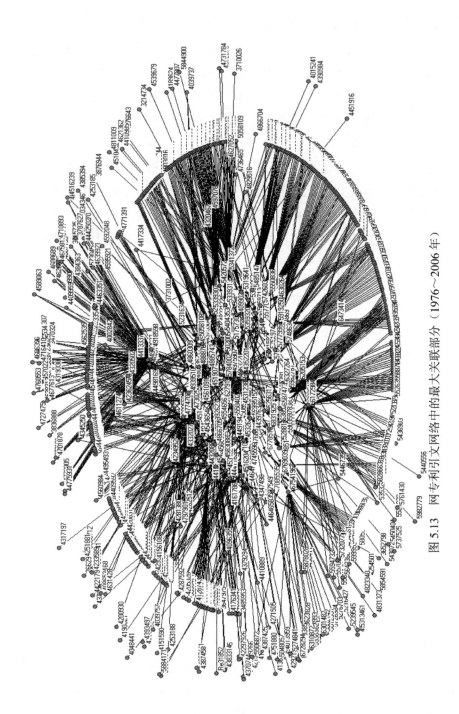

图 5.13 网专利引文网络中的最大关联部分（1976～2006 年）

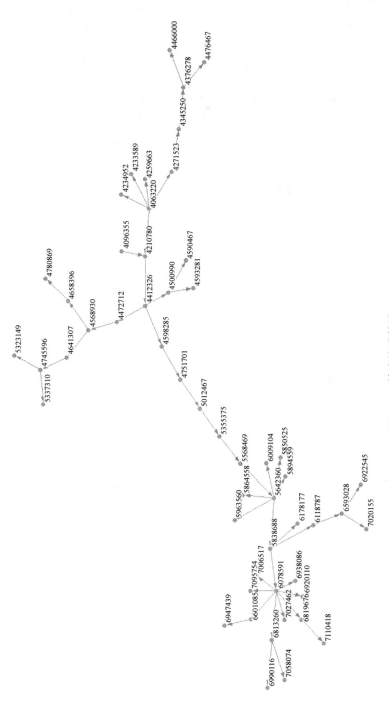

图 5.14　技术演进轨迹

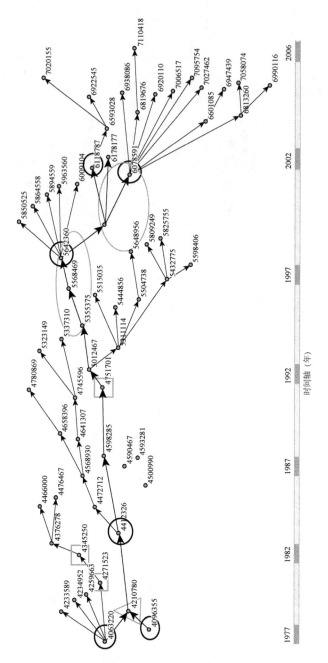

图 5.15 时间序列的以太网技术演进轨迹（文后附彩图）

从图 5.15 中可以看到，沿着时间轴，网络中较长路径的起点分别是专利 US4063220 和 US4096355，终点分别是专利 US7020155、US6922545、US6178177、US6938086、US7110418、US6920110、US7006517、US7095754、US7027462、US6947439、US7058074、US6990116。从知识流动的角度来看，在整个专利引用网络中，这几条技术演进的主要轨迹能够代表以专利为载体的知识在技术发展过程中的传承。图中粗线标注了位于主要技术演进路径上的主干路径，圆圈标明了关键节点位置的专利。表 5.6 简要介绍了位于技术演进路径主干路径上的专利的相关情况。

表 5.6　位于以太网技术演进路径主干路径上的专利简介

专利号	授予年份	专利权人	主题
US4063220	1977	施乐公司	多点数据通信系统碰撞检测
US4096355	1978	IBM 公司	数据传输系统中多个数据站通用的信道接入方式和电路的实现方法
US4210780	1980	Mitre 公司	数字通信系统的码分多址（CDMA）
US4412326	1983	贝尔实验室	碰撞避免系统、仪器协议为多重存取数字通信系统，包括可变长度的数据包
US4598285	1986	贝尔实验室	在通信网络的传输碰撞后，降低传输延迟的方案
US4751701	1988	Hughes 公司	时分复用（TDM）碰撞检测
US5012467	1991	3Com 公司	局域网收发器的碰撞检测方法与装置
US5355375	1994		为 CSMA 局域网提供决定性访问的集线器
US5568469	1996	3Com 公司	适用于 CSMA/CD 协议局域网的控制延迟和不稳定的方法与装置
US5642360	1997		通过帧间隔顺应以改进网络性能的系统和方法
US6118787	2000	AMD 公司	规范高速分组交换网络中分配带宽的装置和方法
US6078591	2000	AMD 公司	基于半双工网络的捕捉效应，改善碰撞延迟间隔的装置和方法

实际上，这几条主要路径包含了两条主要的技术演进轨迹。其中，专利 US4063220 位于第一条轨迹的起点。该专利于 1977 年由梅特卡夫与他的三位同事申请，由于以太网技术的"具有冲突检测的多点数据通信系统"而获得，它确立了 CSMA/CD 机制的基础，这也是以太网的一个运作特点。在此基础上产生的两个专利 US4271523 和 US4345250（图 5.15 中绿色方框内所示节点）均是关于基带网络环境下碰撞检测装置的设计。专利 US4210780（图 5.15 中紫色三角内所示节点）在专利 US4063220 和专利 US4096355 的基础上产生，这些都与在基础网络环境的碰撞机设计相关

联。专利 US4751701（图 5.15 中紫色方框内所示节点）归属于 Hughes 公司，它涉及一项传输协议的设计，目标是建立一种基于传输媒介信号空隙检测的与碰撞同步的新检测机制，而不是检测能量同步发射。表面来看，这似乎是一项能够解决基带和宽带网络环境问题分歧的方法。专利 US5012467 同样也是一种碰撞检测方法与装置，与局域网收发器相关。这些专利大都与基带和宽带相关，并且围绕设计新的机制这一主题。在轨迹后面的几项专利，包括专利 US5355375、US5568469、US5642360、US5838688 和 US6078591（图 5.15 中绿色椭圆内所示节点），涉及的内容较前几项分散，主要是与局域网技术系统组成部分设计相关的各方面的执行标准的问题，如中继器和集线器及这些设备的类型。

在网络诞生和成长过程中，一些公司始终扮演着重要角色，如施乐、IBM 和 3Com 等。然而，从表 5.6 可以看到，没有哪家公司主导了以太网技术演进路径中的大部分专利。这表明，伴随着知识流动的技术发展的过程，不存在占据绝对优势地位的公司或组织。这恰好印证了冯伯格所提到过的关于以太网技术是如何在追求开放和许可证标准战略上取得网络市场支配地位的阐述（Von Burg，2001）。

在轨迹图中，我们发现了几个集群，它们在以太网技术的发展过程中与特定事件存在一定程度的相关性。图 5.16 中蓝色方框表示的节点标出了 17 项专利。这些专利在技术环境上是相似的，它们都是由梅特卡夫等 1977 年的专利 US4063220 演变而来的。但是，仔细分析上部和下部的两个技术演进路径上的专利，能够发现它们的特点是不同的。从专利 US4063220 开始，沿着专利 US4271523 及随后的轨迹，大多是与基带技术相关的专利，每项专利都以某种形式体现了对前人的改进，主要是碰撞检测方面的技术或设备。而由专利 US4096355 开始，沿着专利 US4210780 延续的技术演进路径，即图中位于下方位置的轨迹则是主要与宽带技术相关的专利。这些专利的内容旨在谋求碰撞检测机制的改善，和基带网络的情况相同，这种改善是为了在宽带网络基础上实现更高的传输速率。Hughes 网络公司所属的专利 US4751701 是两条轨迹汇集的前奏，这项专利的授予年份是 1987 年，恰恰发生在 1985 年后，而就在这一年，IEEE 正式完成了以太网的标准化。

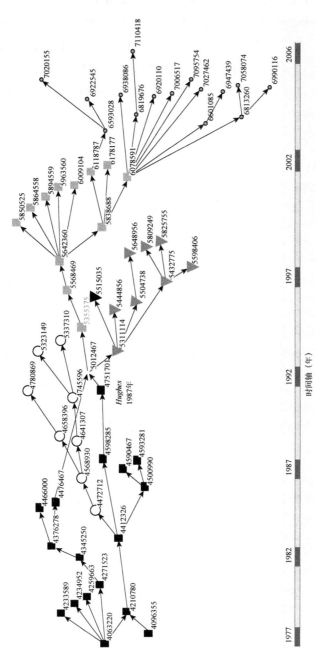

图 5.16 技术演进路径中的技术环境（文后附彩图）

白色圆圈标识的专利所代表的技术环境是最早得到发展的。这一组专利的目的是简化网络设计和提高传输可靠性。简化方式主要是通过减少网络收发器（如专利 US4472172 和 US4568930）。传输可靠性可以通过提高布线的途径来实现（如专利 US4658396 和 US4780869）。

从专利 US5012467 分支出来的两个集群值得我们更详细地分析，这两个集群主要涉及以太网的应用及整个技术系统各组成部分的设计。图 5.16 中绿色方框表示的专利是指设备，如收发器和集线器，它们需要被部署在局域网中，因为它们开始日益扩展。在这一组起点上的专利 US5012467（红色节点）是一个碰撞检测收发器的方法和装置的设计。这项专利由 3Com 所持有，它的发明人是罗纳德，就是在 5.1 节提到的于 1981 年改进了梅特卡夫和博格斯设计的收发器以适应缩小的设备尺寸和为以太网开放的个人计算机市场。另外包括集线器控制器（专利 US5355375）及通过减少延迟和抖动（专利 US5568469）的方法来改善枢纽性能。其余在这一组的专利通过处理数据包来控制流程。有趣的是，这些专利中的 5/7 由 AMD 所持有。这一证据表明，在最近的几年里，技术演进路径已变得越来越具体，并且正在脱离"开放式"的工程逻辑。此外，这也符合最近的事态发展，作为创新者的半导体公司正给传统网络公司带来越来越多的挑战，很可能导致局域网产业领导地位的易主。

此外，图 5.16 中深红色三角形表示的这些专利指的是与交换同时进行的以太网全双工的执行。在全双工，数据可以通过链接同时发送和接收。这个方法的一个优势是，全双工链接理论上可以提供正常（半双工）以太网带宽的两倍。全双工运作模式要求每个环节结束后只连接到一个单一的设备，如工作站或交换枢纽港。这是一种转变范式，并遵照早期网络运作的原则基础，即总的可用通信带宽都必须分配给所有用户。在这一组，一个重要的序列由三项专利组成（US5311114、US5504738 和 US5648956）。所有这些专利涉及以太网 10Base-T 收发设计并且由 Seeq 科技公司所持有，Seeq 科技公司是从英特尔分离出来的，是第一批开发以太网全双工的企业之一，并于 1993 年通过其附属的科迪亚克技术将其推向市场。这一组的其他专利也附属于这个主要轨迹。事实上，全双工要执行功能需要进一步修改设备的硬件规格，如发展"自动协调"机能能够将半双工转换为全双工（专利 US5432775）或不同的以太网媒介规格（专利 US5444856）。此外这些专利都由传统的半导体公司（AMD 和英特尔）所持有，可以认为这些公司在网络行业地位的重要性日益凸显。

以上的分析表明，创造性活动的发生是分阶段的，而且呈现不同的阶段特征。第一阶段的重点是标准的确立，发明者关注的主要是改变及完善梅特卡夫和博格斯提出的机制的原始论点。这种"探索"阶段以技术规格综合化的以太网官方标准的出台而结束。第二阶段关注的是以太网的应用和总体技术系统各组成部分的设计（先是 IE 收发器，然后是集线器和交换机）。第三阶段主要是进一步提高各个组成部分的运作功能。

上述方法揭示了以太网技术发展过程中的重要专利及由此分析得到的技术演进路径。经济和技术创新价值的评估的指标之一是专利的引用。分析结果表明，本章所采用的识别技术演进路径的方法是可行的而且具有借鉴作用。

5.5　实证研究 2——以太阳能电池板为例

太阳能电池是通过光电效应或者光化学效应直接把光能转化成电能的装置，由若干个太阳能电池组件按一定方式组装在一块板上的组装件称为太阳能电池板。太阳能电池板是太阳能发电系统中的核心部分，也是太阳能发电系统中价值最高的部分。其作用是将太阳能转化为电能，或送往蓄电池中存储起来，或推动负载工作。由于目前太阳能电池多以光伏原理为主，太阳能电池有时也称为光伏电池，太阳能电池板也称为光伏组件或太阳能光伏电池板。

本节采用中国台湾连颖科技股份有限公司开发的 PatentGuider 2.0 版本作为数据下载的软件。利用专利信息服务平台的网络查询功能，选取美国专利全文数据库中与太阳能电池板对应的 IPC 分类号为 H01L31/042 的专利（以下简称 H01L/042 专利）作为研究的数据来源，该类专利涵盖的范围包括"光电池板或阵列，如太阳电池板或阵列，包括光电池组装件"。数据选取范围为 1973～2008 年。

5.5.1 总量数据描述

经过对检索得到的专利数据进行整理，共得到 530 项专利数据，按申请年进行分解，得出如图 5.17 所示的 H01L31/042 专利数量时序图。借助此图，可概要地对太阳能电池板领域的发展历程作一概要描述。

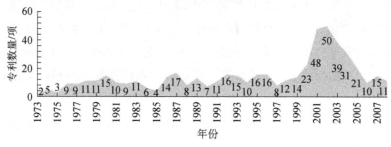

图 5.17　H01L31/042 专利数量时序图

20 世纪 50 年代，第一块硅太阳能电池的问世揭开了太阳能电池应用的序幕。早期的太阳能电池主要应用于宇宙空间技术。1973 年的世界石油危机使得许多国家加强了对太阳能及其他可再生能源技术发展的支持，专利数据库中搜索得到的 H01L31/042 专利正是始于 1973 年。这一时期开始，太阳能光伏技术不断进步，光电转换效率提高，成本也大幅度下降。统计显示，1973 年的 H01L31/042 专利只有 2 项，之后的 1974～1980 年，H01L31/042 专利的数量一直在稳步上升。进入 80 年代后专利活动逐渐进入低谷，主要原因包括：世界石油价格大幅度回落，太阳能光伏技术没有重大突破，提高效率和降低成本的目标没有实现。因此，H01L31/042 专利的数量从 1980 年的 15 项回落到 1985 年的仅 4 项。1992年联合国在巴西召开"世界环境与发展大会"，会议把环境与发展纳入统一的框架，确立了可持续发展的模式。会议之后，世界各国加强了清洁能源技术的开发，使得太阳能利用走出低谷。1986～1999 年，H01L31/042专利每年的授权数量基本保持在 10 项以上的水平。20 世纪 90 年代末至21 世纪初太阳能光伏利用热潮兴起，美国、日本、欧洲纷纷提出太阳能屋顶计划，导致 2000 年起 H01L31/042 专利的每年授予数量猛增，其中

2002 年授予的专利数量达到 50 项。2002 年之后授权数量减少,及至近年数量减至 2000 年前后的平均水平,显示出太阳能电池板技术及其应用方向即将更替的迹象。

5.5.2　技术轨道识别与图谱绘制

把搜索得到的 530 项专利的数据进行整理,目标专利及其引文之间共形成 4740 对引用关系,把 4740 对数据导入 Pajek 软件,其中最大联通组图谱如图 5.18 所示。

利用 Pajek 软件计算图 5.18 中每个节点的 SPNP 值,删除次要节点,形成引文网络中的关键路径。结合时间序列,将此关键路径按时间进行重新梳理,可得到图 5.19 中的技术轨道图谱。

结合图 5.19 与表 5.7 的信息,对技术轨道上的主要节点进行解读,结合相关文献可以将太阳能电池板领域的发展分为以下三个阶段。

表 5.7　主要专利节点信息

专利号	名称	申请时间	授权时间
US3457427	轻太阳能电池面板结构	1965 年 8 月 20 日	1969 年 7 月 22 日
US3427459	带有预定功能转换的传感器	1965 年 9 月 23 日	1969 年 2 月 11 日
US3982963	太阳能电池的维护装置	1974 年 8 月 5 日	1976 年 9 月 28 日
US4132570	太阳能电池阵列的结构支架	1978 年 3 月 22 日	1979 年 1 月 2 日
US4392009	太阳能模块	1981 年 10 月 16 日	1983 年 7 月 5 日
US4636577	太阳能板模块和支持	1983 年 8 月 29 日	1987 年 1 月 13 日
US5164020	太阳能面板	1991 年 5 月 24 日	1992 年 11 月 17 日
US5409549	太阳能模块面板	1993 年 9 月 1 日	1995 年 4 月 25 日
US5647915	太阳能面板	1996 年 6 月 13 日	1997 年 7 月 15 日
US5746839	轻质光伏屋顶组成	1996 年 4 月 8 日	1998 年 5 月 5 日
US6061978	带通风腔的辐射障碍集合和方法	1998 年 6 月 24 日	2000 年 5 月 16 日
US6617507	光伏阵列	2001 年 11 月 16 日	2003 年 9 月 9 日
US6928775	多用电瓷瓦模块	2002 年 8 月 16 日	2005 年 8 月 16 日
US7102074	光伏附件系统	2003 年 9 月 10 日	2006 年 9 月 5 日

第一阶段:构件与模块设计阶段(约 20 世纪 90 年代以前)。这一阶段的主要专利包括 US3457427、US3427459、US3982963、US4132570、US4392009。

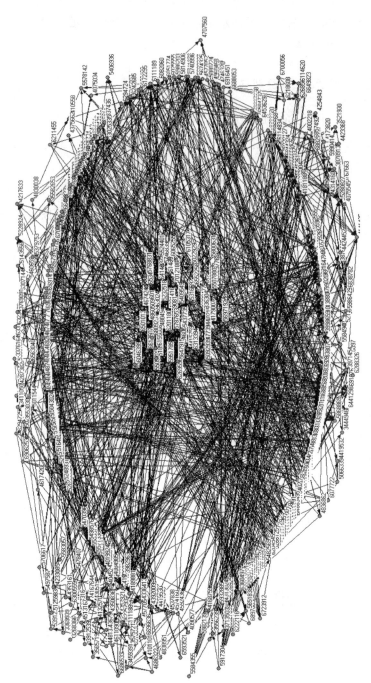

图 5.18 专利引文网络中的最大联通组

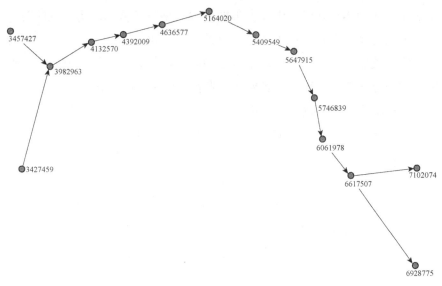

图 5.19 光伏电池板技术轨道（1973～2008 年）

从图 5.19 中可以看出，技术轨道起点从专利 US3457427 和 US3427459 开始，汇集到专利 US3982963。US3457427 是一种支撑设备的发明，该发明提供了一种材料为金属片，轻薄、耐用的支撑太阳能电池组的基底。US3427459 是一种传感器发明，该发明提供一种具有预定功能输出的光电设备。US3982963 是一种太阳能电池板的雏形装置，该装置包括一个面板，面板上安装多个太阳能电池，面板被安装在支架上，能够实现将太阳能转化为电能并输出为电池充电。之后的 US4132570 和 US4392009 专利继续加强太阳能电池板构件和模块的设计与应用，太阳能电池板技术愈加成熟。

第二阶段：太阳能屋顶（约 20 世纪 90 年代～21 世纪初）。这一阶段的主要专利包括 US4636577、US5164020、US5409549、US5647915、US5746839。

1987 年，专利 US4636577 的出现揭开了太阳能面板应用于建筑物屋顶的序幕，该专利明确提出能够提供一种太阳能电池模块直接安装于屋顶表面（一般称为太阳能屋顶），附属的设备有支架和基底。之后的 US5164020 和 US5409549 专利继续完善太阳能屋顶的安装与保护装置，使得太阳能屋顶的安装的便捷性与使用的安全性逐步提高。专利

US5647915、US5746839 则在太阳能屋顶上增加了抵御恶劣天气的防水层，大大提高了设备的使用寿命。总的来看，这一阶段是太阳能屋顶的应用快速发展的阶段，相应的技术发明都是围绕太阳能屋顶的安装、使用、维护等环节，使得太阳能屋顶技术及其应用不断成熟。

第三阶段：光伏建筑一体化（约 21 世纪以后）。这一阶段的主要专利包括 US6061978、US6617507、US6928775、US7102074。

专利 US6061978、US6617507 和 US7102074 致力于形成新的太阳能电池板的安装方式，以使得太阳能电池板与建筑物的结合更加合理。例如，专利 US7102074 是一种为在建筑物的屋顶安装电池板而设计的附件系统，该系统不需要在屋顶钻孔，不影响屋顶的完整性。专利 US6928775 设计一种多用电瓷瓦模块，瓷瓦本身既可以作为建筑材料而使用，又具备光伏发电的功能。可以说，进入 21 世纪以后，太阳能电池板的应用不再局限于太阳能屋顶，跳出"支架型"和"构件型"为主的太阳能电池板的应用方式转向"建材型"应用方式，即不再采用在屋顶上安装一个笨重的装置来收集太阳能，而是将电池板更合理地与建筑物结合乃至直接嵌入屋顶和外墙，实现真正意义的光伏建筑一体化。

5.5.3 技术轨道的合理性验证

1893 年法国科学家贝克勒尔发现"光生伏打效应"，即"光伏效应"。1930 年朗格首次提出用"光伏效应"制造"太阳电池"，使太阳能变成电能。1954 年恰宾和皮尔松在美国贝尔实验室，首次制成了实用的单晶太阳能电池。1958 年太阳电池首次在空间应用，装备美国先锋 1 号卫星电源。早先的太阳能电池大多用于军事领域，20 世纪 60 年代开始，太阳能光伏技术逐渐转向民用领域，及至 20 世纪 70 年代石油危机出现，使得光伏发电得到各国重视。由于应用成本较高，直到 20 世纪 80 年代，太阳能光伏技术的发展始终处于研制和尝试性应用阶段，这对应着技术轨道图谱描述的第一阶段。

1992 年"世界环境与发展大会"前后世界各国积极开展太阳能光伏技术的应用。1990 年德国首先开始实施"一千屋顶计划"，在私人住宅屋顶上推广容量为 1～5 kWP（峰值功率）的户用联网光伏系统。20 世纪 90 年代中期，日本政府制订了一个庞大的太阳能光伏发电"屋顶"计划，预计在 10～15 年内，在日本民用住宅的屋顶上安装户用太阳光伏发电系统，总装机容量将达 200MW（兆瓦）。时任美国总统克林顿 1997 年 6 月 26 日在联合国环境与发展特别会议上宣布美国将实施"百万太阳能屋顶"计划，提出 2010 年要在全国范围的住宅、商业建筑、学校和联邦政府办公楼屋顶上安装 100 万套太阳能系统。我们发现，技术轨道图谱中第二阶段的起始专利 US5164020 于 1991 年申请，1992 年获批；之后的相关专利也大多出现在 20 世纪 90 年代左右，与现实应用的发展阶段基本吻合。

21 世纪初发展起来的光伏建筑一体化是应用太阳能发电的一种新概念：在建筑物围护结构外表面上铺设光伏阵列提供电力。在欧洲、美国和日本等地，越来越多的光伏建筑一体化示范系统和应用系统正呈现出强大的生命力。太阳能光伏建筑一体化不仅开辟了一个新的光伏应用领域，而且意味着光伏发电开始了大规模应用。近年来在发达国家已有相当发展水平的"零能房屋"，即完全由太阳能光电转换装置提供建筑物所需要的全部能源消耗，真正做到清洁、无污染，它代表了 21 世纪太阳能建筑的发展趋势。虽然严格来说太阳能屋顶也属于光伏建筑一体化的一种，但这种将光伏电池板依附于建筑物上的方法相比于光伏电池板与建筑的集成的方法，从力学、美学等角度来看已然显得落伍。可见，太阳能电池板与建筑物的有机集成将成为未来应用的主要潮流。这也正是技术轨道图谱中第三阶段所揭示的。

考虑到专利申请与现实应用可能存在一定的时间差距，我们应该认识到太阳能屋顶及光伏建筑一体化正在成为或即将成为世界各国太阳能利用的主要方向。与我们的看法相对应的是，2007 年我国制订的《可再生能源中长期发展规划》中提出"在经济较发达、现代化水平较高的大中城市，建设与建筑物一体化的屋顶太阳能并网光伏发电设施，首先在公益性建筑物上应用，然后逐渐推广到其它建筑物，同时在道路、公园、车站等公共设施照明中推广使用光伏电源"。针对目前太阳能光伏发电成本较高的问题，2009 年财政部、住房和城乡建设部已下发《关于加快推进太阳能光电建筑应用的实施意见》，明确提出"中央财政安排专门基金，对符合条件的光电建筑应用示范工程予以补助"，全面启动"太阳能屋顶计划"。另外，在上海世博会的展馆建设中，已经开始光伏建筑一体化的示范工程的实施。可以预见，未来一段时期内我国的太阳能光伏应用将会有更广阔的空间。

参考文献

杜跃平，高雄，赵红菊. 2004. 路径依赖与企业顺沿技术轨道的演化创新. 研究与发展管理，16（4）：52-57.

多西 G，弗里曼 C，纳尔逊 R，等. 1992. 技术进步与经济理论. 钟学义，沈利生，陈平，等译. 北京：经济科学出版社.

方红伟，彭军，王明宇. 2000. 快速以太网和千兆位以太网技术. 黑龙江科技信息，(8)：38-39.

封超，史永利. 2008. 中文版 Access2007 宝典. 北京：电子工业出版社.

傅家骥，雷家骕，程源. 2003. 北京：技术经济学前沿问题. 北京：经济科学出版社.

顾震宇，林鹤. 2004. 网络环境下国外专利的有偿、无常信息源的比较研究. 情报科学，22（3）：320-326.

黄鲁成，蔡爽. 1992. 基于专利的技术轨道实证研究. 科学学研究，27（3）：363-367.

金碧辉，Leydesdorff L，孙海荣，等. 2005. 中国科技期刊引文网络：国际影响和国内影响分析. 中国科技期刊研究，(2)：141-146.

拉卡托斯 I. 1986. 科学研究纲领方法论. 兰征译. 上海：上海译文出版社.

李浩，戴大双. 2005. 基于技术轨道识别的高新技术企业成长战略研究. 科技管理研究，(5)：32-34.

李利剑，郭新有，唐娟. 2008. 我国钢铁工艺技术创新模式. 科研管理，29（1）：29-33.

刘昌年，梅强. 2006. 我国高技术企业基于技术轨道的自主创新能力提升途径研究. 科学管理研究，24（5）：5-8.

默顿 R K. 1990. 论理论社会学. 何凡兴，李卫红，王丽娟译. 北京：华夏出版社.

孟微，庞景安. 2008. Pajek 在情报学合著网络可视化研究中的应用. 情报理论与实践，31（4）：573-575.

库恩 T S. 2003. 科学革命的结构. 李宝恒译. 北京：北京大学出版社.

吴晓波，聂品. 2008. 技术系统演化与相应的知识演化理论综述. 科研管理，29（2）：103-114.

许广玉. 2005. 基于技术轨道的高技术企业自主创新探析. 科学学与科学技术管理，(3)：148-151.

许庆瑞. 1986. 研究与发展管理. 北京：高等教育出版社.

郑雨，沈春林. 技术范式的结构与意义. 1999. 南京航空航天大学学报（社会科学版），
　　（1）：66-70.

Adner R，Levinthal D. 2001. Demand heterogeneity and technology evolution：
　　Implications for product and process innovation. Management Science，47（5）：611-628.

Damanpour F. 2001. The dynamics of the adoption of product and process innovations in
　　organizations. Journal of Management Studies，38：1.

Dierickx I，Cool K. 1989. Asset stock accumulation and sustainability of competitive
　　advantage. Management Science，（35）：1504-1511.

Dosi G. 1982. Technological paradigms and technological trajectories. Research Policy，11
　　（2）：147-162.

Dosi G. 1988. Sources procedures and micro economics of innovation. Journal of
　　Economic Literature，26：1127-1128.

Jenkins M，Floyd S W. 2001. Trajectories in the evolution of technology：A multi-level
　　study of competition in formula 1 racing. Organization Studies，（22）：925-945.

Klepper S. 1996. Entry，exit，growth and innovation over the product life cycle. American
　　Economic Review，86（3）：562-583.

Klepper S. 1997. Industry life cycles. Industrial and Corporate Change，（6）：145-182.

Melatti L. 1994. Fast ethernet：100 Mbit/s made easy. Date Communications，（23）：
　　111-116.

Nelson R，Winter S. 1982. An Evolutionary Theory of Economic Change. Cambridge：
　　Harvard University Press.

Rechard H，Martin K，Marcus L. 2007. Patent indicators for the technology life cycle
　　development. Research Policy，36：387-398.

Sirbu M，Hughes K. 1986. Standardization of Local Area Networks. Virginia：14th Annual
　　Telecommunications Policy Research Conference.

von Burg U. 2001. The Triumph of Ethernet. Stanford：Stanford University Press.

von Wartburg L，Teichert T，Rost K. 2005. Inventive progress measured by multi-stage
　　patent analysis. Research Policy，（34）：1591-1607.

Wouterde N，Andrej M，Vladimir B. 2005. Exploratory Social Network Analysis with
　　Pajek. New York：Cambridge University Press.

第 6 章　基于专利引文的技术发展特征分析

专利引文分析另一个重要的功能是刻画技术发展的数量特征。在科学计量学领域,多年来积累了大量的关于科学发展规律的研究。这些研究基于文献数据和科学事件数据,对科学发展的特征进行定量展示。相应地,专利文献可作为技术发展特征分析的研究对象,这也使得专利引文分析有了用武之地。在某种意义上,专利引文数据较之利用专利申请量、授权量等数据更能够揭示技术发展的特征,能够更有效地辅助进行技术发展水平的判断。

本章选取三个侧面展现基于专利引文的技术发展特征分析。首先,利用专利引文的原创性指数指标对技术发展的宏观特征进行分析;其次,基于专利引文对我国专利的总体特征和国际比较情况进行初步分析;最后,基于专利引文数据分析几项个体技术的发展特征。

6.1　基于原创性指数技术融合趋势分析

2001 年,美国经济发展局发布了题为 *The NBER patent citations data file: lessons, insights and methodological tools* 《美国经济发展局的专利引文数据档案:教程、洞见和方法工具》的研究报告(Trajtenberg and Jaffe, 2001)。该报告的主要内容分为三大部分。

首先,它提供了一个开放的、规范的、海量的专利引文数据库,为专利引文研究提供了数据基础;其次,它提供了多样的、新颖的、实用的专利引文指标,为专利引文研究提供了框架规范;最后,它提供了合理的、准确的、可操作的专利分析手段,为专利引文研究提供了方法支持。在技术分类、被引次数、被引时滞、自引数量等基础指标之外,美国经济发展局研究报告中正式推出了以原创性(originality)指数为代表的新指标。这一指标已于 1997 年在相关文献（Trajtenberg et al.，1997）里出现，当时仅处于概念阶段，由于数据库的缺乏，无法进行基于大规模真实历史数据的测度。直到美国经济发展局数据库建立之后，原创性指数的测度和应用才真正得以实现。而报告中所进行的定量研究案例，主要用来辅助说明指标和方法，未作更多展开。

随着专利计量学的兴起（Narin，1994），学术界对专利引文的研究已经逐渐成熟，且学者们已经开始借鉴社会网络的相关方法对专利引文网络进行刻画与解析，并渗透到诸多应用领域，但对原创性指数的研究却仍未超越美国经济发展局研究报告的水平。这固然是由于美国经济发展局研究报告并未对原创性指数做出更多的阐述，也隐含着相关理论和方法尚未发展到一定水平的原因。因此，随着数据库的更新完善和专利计量学的不断发展，需要研究者对原创性指数进行深入测度和解析。一方面要利用定量手段不断发现原创性指数随着时间变化所展现的新趋势和新规律，对其变化趋势和规律做出总结性概括；另一方面则要定性揭示原创性指数的影响因素和现实意义，发掘原创性指数在指导技术研发和管理层面的现实意义，为其在未来的潜在应用提供指向性的建议。

本节拟通过对原创性指数值的变动趋势的定量探讨，深入阐释原创性指数的内涵，揭示技术整体发展规律和趋势，为技术研究和科技管理工作提供有益的参考。

6.1.1　测度算法与数据来源

原创性指数的测度算法如下式：

$$\text{Originality} = 1 - \sum_{j}^{n_i} S_{ij}^2$$

其中，S_{ij} 表示 j 类专利的数量在专利 i 所引用的专利总量中的比例；n_i 表示类别的数量。如果专利 i 所引用的专利都属于同一类，那么原创性指数值为 0。如果专利 i 所引用的专利分属不同的类别，且分布越宽泛的话，原创性指数值就会越大，最大值趋近于 1。也就是说，一项专利引用的其他专利类别差异性越大，那么其原创性值就越大。需要注意的是，原创性指数的测度是以专利分类系统为基础的，如果一个专利分类系统中类别层次越多越细，则原创性指数值可能会越大；而类别层次越少越宽，则原创性指数值可能会越小。选择不同的专利分类系统会使得原创性指数值的测算产生不同的结果，一般认为一个精细而且准确的分类系统是原创性指数值测算所必需的。

就目前的专利分类系统来看，美国专利商标局经过多年的努力已经为发明专利所属的技术类别开发出一个高度详尽的分类系统。该系统包括 6 类以一位数表征的大类（category）、37 类以两位数为表征的小类（sub-category）（表 4.1）及多达 12 万个更详细的专利分类（classes）。这个分类系统保证任何一个专利只属于唯一的一个两位数表征的小类，而不像 IPC 分类系统那样存在着各种交叉。

图 6.1 展现的是一个基于美国专利商标局分类系统的原创性指数值测度示例。专利 M 引用了四个专利，其中专利 A 属于第 1 大类中的第 13 小类，B 和 C 同属于第 1 大类中的第 14 小类，D 则属于第 3 大类中的第 33 小类。我们以两位数的小类为测度的参照，那么专利 M 的原创性指数值为 $1-[(1/4)^2+(2/4)^2+(1/4)^2]=5/8$。同理，如果以一位数的大类为测度的参照，那么专利 M 的原创性指数值为 $1-[(3/4)^2+(1/4)^2]=3/8$。本节所进行的原创性指数值测度是以两位数的小类为参照的。

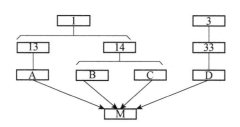

图 6.1　一个原创性指数值测度的示例

6.1.2　原创性指数值的变动趋势

美国经济发展局建立的数据库中，包含着 1967 年到 2006 年 40 年间美国专利商标局所授予的 2 811 000 项专利信息，在这 2 811 000 项专利之间共发生 22 405 000 对有效引用关系。根据上述算法，我们利用 Access2007 软件对每一个专利分别计算其原创性指数值，然后按照

专利申请年份加总平均刻画整体原创性指数值的变动趋势，如图 6.2
所示。

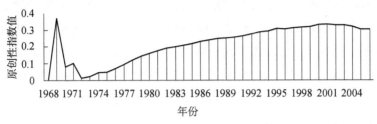

图 6.2　原创性指数值变化趋势（按总量）

图 6.2 中出现一条前段波动很大，中段平稳上升，尾段略微下降的趋
势曲线。1973 年以前，原创性指数值是不稳定的，到 1975 年前后逐步开
始上升，及至 2001 年左右达到最高，之后略有下降。

对于中段平稳上升的趋势是比较容易解释的。按照算法，原创性指
数值的稳步上升就意味着美国专利数据库的专利所引用的其他专利的类
别越来越多，差异性越来越大。作为注解，研究报告曾指出：原创性指
数值的大小往往和专利引用的其他专利数量有关。也就是说，当一个专
利更多地引用其他专利的时候，相应地，其原创性指数值就更高。这是
因为当被引用的专利数量较多的时候，其属于较多类别的概率也较大。
可作为印证的数据是从 1975 年到 1999 年，每一个专利平均引用其他专
利的数目由 5 项上升到 10 项左右。

如何解释前段的波动和后段的下降是颇为困难的问题。首先，波动
的最高值甚至超过了以后任意一个时间节点的最高值，这是不合常理的；
其次，一条一直平稳上升的趋势曲线为何会在尾端出现降低的趋势，这
也是令人费解的。年度原创性指数值是一个平均值。如果当年专利数量
过少，那么该指数值出现不规则变动的概率就会很大。

基于此思路，绘制图 6.3、图 6.4 对上述问题做出回答。图 6.3 展现
的是按申请年计算的专利数量的变化，图 6.4 进一步展现各大类的专利数
量。图 6.3 和图 6.4 都出现了一个早期数量很少，中期数量稳步上升，后
期数量又迅速下降的情况。结合图 6.3 和图 6.4 可以看出，在 1975 年以
前，专利数量是不成规模的，1967～1969 年专利数量都处于个位数。

1970～1973 年每年的数量在 100 项以下，1974 年达到 400 项左右，也正是从这一年开始，原创性指数值开始稳步上升，1975 年的专利数据为 5323 项，标志着专利数量达到规模层次，也保证了统计数据的稳定性。对照美国专利制度的发展历史可以知道，将专利文献的电子文档引入正是开始于 1975 年前后，而美国经济发展局数据库对引文数据的统计也是在电子文档引入前后，也就是 1975 年，因此数据库收录的 1967～1975 年的专利数据并非全部的真实历史数据，只包含了部分信息，这也正是前段原创性指数值强烈波动的原因。

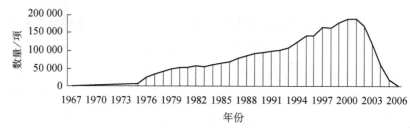

图 6.3　专利数量的变化趋势（按总量）

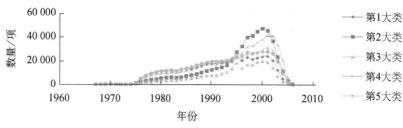

图 6.4　专利数量的变化趋势（按大类）

如果说前段专利数量的问题来自人为原因，那么后段专利数量的变动则更多由于客观原因。前文提到，我们使用的美国专利数据库中的专利都是已经被授权的，而统计口径则是以申请年为准。一般来说，一项专利自提交申请到被授权要经过 3 年左右的时间，也就是说，2002 年前后提出申请的专利一般要到 2006 年前后才会得到授权。统计数据告诉我们，2003 年前的几年，专利数量都在 10 万项以上，2004 年则锐减到 6 万项，2005 年为 1 万项，2006 年的数据为 1000 项左右，这种数量的大幅度变动无疑会影响到原创性指数值的变化趋势。因此，可以认为至 2003 年前后原创性指数值的趋势变化是由数据的截断造成的。

　　继续绘制图 6.5 作为对图 6.3 变动趋势的印证，图 6.5 中各大类原创性指数值在前段都出现了波动情况，叠加结果形成图 6.2 前段的图形。图 6.5 中 1、2、3 大类在后段都出现了小幅波动，而 4、5、6 大类在后段出现了一致明显的下降趋势，由于 2003 年后 4、5、6 大类的专利总量两倍于 1、2、3 大类，所以叠加结果形成图 6.2 后段呈下降趋势的图形。由于各大类中段的图形都较为一致地平稳上升，所以图 6.2 中对应时间段的图形也相应地呈现平稳上升的趋势。

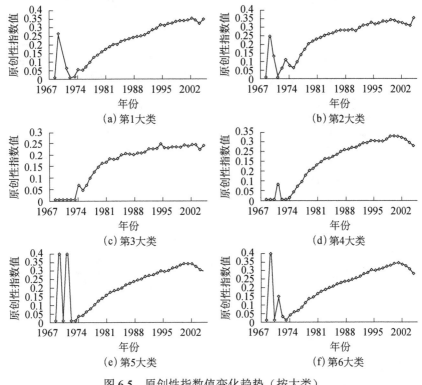

图 6.5　原创性指数值变化趋势（按大类）

　　可以认为，前段波动与后段下降都是由小样本干扰引起的。为清晰起见，去除 1975 年以前与 2003 年以后的数据，将 6 大类中 37 小类的原创性指数值变化趋势绘制成图 6.6。在 1975～2003 年，绝大多数小类的原创性指数值都处于稳步上升的过程，唯一最不规则的小类 33，其变动原因是累计数量只有 3000 余件，且年度分布极不均匀，直接引发了小样本干扰。

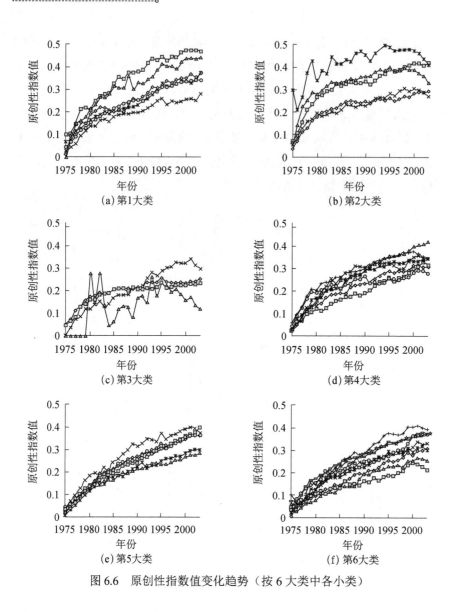

图 6.6　原创性指数值变化趋势（按 6 大类中各小类）

6.1.3　分析与结论

　　为什么要从引文的角度来描述原创性，一直以来并没有很清晰的解释。这也许是原创性指标没有得到预期广泛关注的原因所在。从文献计量学的角度来看，图 6.1 中专利 A、B、C、D 四个专利文献同时被专利文献 M 所引用，它们四个构成共被引关系，有时直接称为共引关系。用术语可表示为：一组文献（被引文献）共同被同一篇或同一组文献（施引文献）引证，则被引证的前一组文献形成共引关系（Price，1965）。刘则渊先生基于赵红州先生的知识游离结晶理论（赵红州和蒋国华，1984）指出共引关系的实质在于一组被引文献的知识联系与知识扩散，对共引文献中知识单元的分析和游离，并为一组施引文献对知识单元的重组所反映的研究前沿提供知识基础（刘则渊等，2010）。陈超美（Chen et al.，2010）进一步指出：这种过程不是简单的重复，而是在重组中产生全新的知识系统，全新的知识单元。一篇有创见的论文（或专利）引用参考文献，是从参考文献对知识单元的吸收、组合与升华；各个知识单元的学科差异性越大，知识单元重组的创造性越大，基于文献的发现就越重大。

按照上述观点，一项（组）专利（施引专利）引用了其他专利（被引专利），代表着知识单元从被引专利中游离出来，经过重组，成为施引专利的知识基础，并使得新知识产诞生于施引专利之中。被引文献之间所属类别的差异越大，那么知识单元重组的创造性就越大，施引专利的原创性就越高，这也正是原创性指数创建和存在的理论基础。当然，由于专利施引行为可能存在偶然性，所以大量专利原创性指数值的均值会远比个体专利的原创性指数值更具有实际意义。纵观 1975～2003 年的原创性指数值的增长趋势，我们有理由认为，技术整体发展正呈现出融合、会聚的趋势（罗科和班布里奇，2010），这直接导致了技术整体水平的提高。

最后需要指出，本节研究绝不仅仅是要提供一种指数的测度方法，因为对于不同的专利分类体系，原创性指数值的绝对值大小将会是截然不同的。我们更想做到的是提供一种从引文分析角度来考察专利个体和技术整体发展规律的研究思路，从而能够指导技术研发和管理工作，为我国科技水平的整体提高提供决策参考。需要特别指出的是，本节研究虽基于权威性和系统性较强的美国专利数据库展开，但也存在着挂一漏万的风险，可能的话将会继续选择其他数据库进行对照验证，保证研究结论的全面性与准确性。

6.2 基于专利引文指标的国家技术实力分析

对于论文间引用活动的研究由来已久，且已经形成了较为成熟的理论体系。1955 年加菲尔德发表题为《引文索引应用于科学》的论文，系统地提出了用引文索引检索科技文献的方法。1960 年，加菲尔德成立"科学情报研究所"（Institute for Scientific Information，ISI）。通过一系列的试验以后，1961 年 ISI 开始编制面向全部科技领域的综合性引文索引，1963 年编成出版，取名为《科学引文索引》（*Science Citation Index*）。SCI 的出现为科学计量学及知识图谱的绘制奠定了数据基础。而专利之间引用活动的研究则开展较晚，对于专利引用活动的统计分析早年也鲜见，近年来才得以不断发展。纳林（Narin，1994）是专利计量学的公认创始人，其著作中把专利计量学的研究进行了框架式的界定——个人和国家的专利生产量（率）、引用及相关分析，从中可见引用活动统计分析的重要性。

6.2.1 专利引用分析的主要统计指标

专利引用过程不但能够形象地展示出知识流动和扩散，也衍生出诸多定量分析的指标以描述知识扩散的相关特征。

1. 引用次数

引用过程可以分为引用其他专利及被其他专利引用。相应地，引用次数可以分为引用其他专利的次数及被其他专利引用的次数（或者称为后向引用次数和前向引用次数）。引用其他专利次数较多反映出某专利对其他专利的参考和继承程度，被其他专利引用较多则反映出某专利在某技术领域技术的基础性与先进性。

2. 引用时滞

前向引用时滞指的是某一专利被其他专利引用，引用发生时间与本专利的授予时间（也有用申请时间的）之间的时间段。前向引用时滞能够反映出本专利被其他专利引用速度的快慢。后向引用时滞指的是某一专利引用其他专利，引用发生的时间与其他专利被授予的时间之间的时间段。后向引用时滞能够反映出某专利对在先专利参考和继承的反应速度。

3. 延展性和源散性

所谓延展性（gerenality）和源散性（originality），分别反映的是某专利被其他领域的专利引用和引用其他领域专利的宽泛程度。也就是说，延展性高代表某专利被不同于本领域的更多其他领域的专利所引用，说明本专利包含着较为通用的技术知识。源散性高则代表某专利引用了更多其他领域的专利，属于对其他领域专利更为宽泛的融合。

4. 数据来源

美国经济研究局提供了可供下载的专利数据。借助此数据可以调用美国专利商标局数据库中从 1963 年 1 月 1 日到 1999 年 12 月 31 日之间的 2 923 922 个发明专利中的中国专利的数据进行实证分析（Bronwyn et al.，2001）。从上述数据中分离出来源于中国的专利 900 件左右，经过有效性分析，提炼出可供分析的专利数据 875 条。

6.2.2　统计结果与分析

1. 总体均值与分技术领域统计

总体上看，我国专利平均每项被引用了 2.45 次，在每一个专利申请过程中会引用其他专利 7.2 次。我国专利所引用的其他专利平均是在 16 年前申请的，而我国专利平均会在申请 5 年后开始被引用。

美国专利数据库中将专利按技术领域分为 6 大类，分别为化学、计算机和通信、医药、电气电子、机械、其他，可以按此分类对我国专利进行进一步的考察。如表 6.1 所示，从引用其他专利次数的统计来看，其他类平均引用了 9.4 次，化学和机械类分别引用了 7.9 次和 7.5 次；从被其他专利引用次数的统计来看，其他类平均被引用了 2.76 次，医药和电气电子类分别被引用了 2.66 次和 2.58 次；从延展性和源散性的统计来看，计算机和通信、电气电子专利延展性最高，而计算机和通信、化学类的专利源散性也最高；计算机和通信、医药类专利拥有最快的被引用速度，也拥有着对新研究成果的引用能力。

表 6.1 总体均值与各领域均值

项目	引用其他专利次数/次	被其他专利引用次数/次	延展性	源散性	前向引用平均时滞/年	后向引用平均时滞/年
化学	7.902 702	2.070 351	0.256 987	0.384 321	5.102 382	13.597 98
计算机和通信	5.714 285	4.250 000	0.308 684	0.415 507	4.604 621	6.627 742
医药	4.942 307	2.663 551	0.185 854	0.304 789	4.928 602	10.677 66
电气电子	6.118 110	2.575 539	0.261 745	0.279 413	5.120 784	12.889 92
机械	7.517 985	1.819 354	0.230 463	0.342 830	6.381 487	24.335 42
其他	9.400 000	2.759 259	0.215 715	0.281 615	7.713 387	23.865 66
总体均值	7.205 020	2.454 320	0.240 113	0.331 295	5.854 554	16.588 06

2. 统计指标的时间分布

从时间来看，我国专利的源散性在逐步提高，专利对其他专利进行引用及被其他专利引用的时滞都在缩短，显示出知识流动速度的加快。

由于专利从申请、授予到被引用是一个长期的过程，越临近统计的截止点，被引用的次数往往会越低，当年申请被引用的专利数量几乎为零，因此被其他专利引用（前向引用）的次数在 20 世纪 90 年代会逐渐降低。从图 6.7 中可以看出，我国专利的前向引用次数一度在 20 世纪 80 年代呈现出递增趋势。

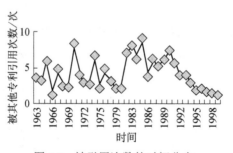

图 6.7 被引用次数的时间分布

随着时间推移，我国所申请的专利对其他专利的引用次数在增多，体现出对已有知识较为积极的继承态度。对其他专利的引用的间隔时间也在缩短，体现出知识继承的反应速度在提高。被其他专利引用的间隔时间也逐渐减少，表明我国专利也在逐渐被其他国家（地区）的技术工作者更多地认识到。具体见图 6.8～图 6.10。

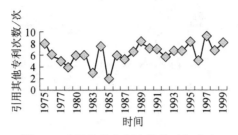

图 6.8　引用其他专利次数的时间分布

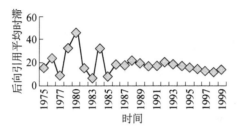

图 6.9　后向引用时滞的时间分布

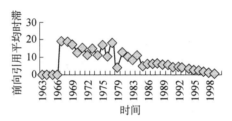

图 6.10　前向引用时滞的时间分布

从图 6.11、图 6.12 中可以看出，我国专利的源散性在逐步提高，显示出对在线专利技术利用范围的加宽，而由于被引次数随时间逐渐减少，延展性也逐渐降低，客观上影响到了对此指标的判断。

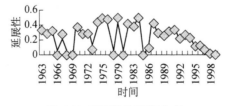

图 6.11　延展性的时间分布

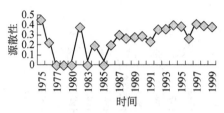

图 6.12 源散性的时间分布

3. 一项专利的前向引用分析

中国在美国被引用最多的专利是专利号为 US5059178 的一项医学方面的专利。该专利为一项非职务发明专利，也就是说，专利的发明人和申请人都是自然人，而不是某企业或者研究机构。该专利 1991 年 1 月在美国专利商标局进行申请，当年 10 月即被批准授予。该专利在日本拥有优先权，日期为 1988 年。

该专利的国际分类号为 A61B（诊断；外科；鉴定）和 A61M（将介质输入人体内或输到人体上的器械；为转移人体介质或为从人体内取出介质的器械；用于产生或结束睡眠或昏迷的器械）。该专利在申请过程中，被认定引用了 12 项美国专利和一项苏联的专利文献。

截至 2006 年年底，该专利共被引用了 111 次（图 6.13），在 1998 年也就是被授予后的第 7 年达到第一个前向引用高峰，被引用 11 次。至 2003 年，又达到一次前向引用高峰，共被引用 30 次，显示出较强的技术生命力。

但是在此专利的整个引用网络中，并没有更多其他中国企业和个人对此专利进行继续利用，反而是其他国家（地区）的公司和个人运用此专利进行了继续创新，并获得了更加出色的研究成果。专利号为 US5549626 的美国专利拥有 214 项前向引用，US5462529 也有 165 项，尽管上述两项专利脱胎于我国的这项医学专利，但是都获得了比我国专利更多的前向引用次数。

4. 与美国专利全文数据库前向引用数据的对比分析

前向引用数据是所有专利指标中最能体现出专利价值和战略意义的指标之一，专利个体在质量上有所差别。一般认为，被引用次数较多的

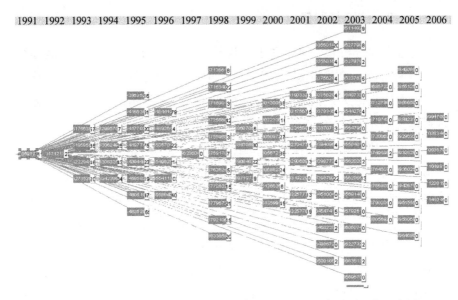

图 6.13 中国在美国被引用最多的专利 US5059178 前向引用网络示意图

专利蕴含着较多的知识，具备更高的潜在市场价值，也会被视为某一技术领域的核心技术。被引用较多的专利被认为具备较高的质量，也被称为高质量专利。拥有高被引、高质量专利技术的个人、企业乃至国家会被认为具备较强的竞争优势（Narin，1995）。

从表 6.2 中可以看出，我国所属专利被其他专利引用的次数在各个领域都是相对较低的，平均起来要比总体均值低 2 个数值单位，这显示出我国专利的技术含量相对较低。其他研究也表明，我国在美专利申请大多涉及轻工、家用产品等日常消费品领域，有关通信、生物等高技术领域的专利相对较少，这无疑会降低我国专利的被引用机会。

表6.2　我国专利与美国专利全文数据库总体数据的对比 单位：次

项目	化学	计算机和通信	医药	电气电子	机械	其他
我国所属专利	4.62	6.44	5.99	4.75	4.17	4.46
美国专利全文数据库所属专利	2.07	4.25	2.66	2.57	1.81	2.75

6.2.3 结论与展望

通过上述分析我们可以看出，我国在美专利的引用指标正在逐年增长，展现出较好的发展态势。但是通过比较我们也可以发现，在最重要的前向引用指标上，我们不但不及发达国家，连基本的平均水平都无法达到。

在前向引用数量的基础上，学术界和企业界往往用当前影响指数（current impact index，CII）来对拥有较高质量专利的企业进行评价（黄慕萱等，2003）。CII 指的是专利被别的专利引用的次数，意味着它们在多大程度上作为其他发明的基础。此指数的计算是建立在过去五年中专利被引用次数的基础上的。首先计算某国家的专利在五年内被其他专利引用的平均次数，然后将这个数据除以其他国家的专利在这个时间段内被引用次数的平均数。假设某公司的 CII=2，这就意味着这个国家（企业）的专利被其他专利所引用总次数是平均值的两倍，证明了该国家的专利质量比较高，拥有较强的技术力量。相应地，用专利数和 CII 的乘积作为一个国家专利力量的表征。

美国是世界上专利制度最完善的国家，其专利商标局所提供的专利数据包含着许多国家所不具备的专利引用数据，也成为众多跨国研究的主要数据来源之一。

美国是一个专利申请多元化的国家，尽管采用的数据来自美国的专利数据，但是这并不代表美国理所应当地会成为专利数量最多的国家（地区）。为排除人口的影响，我们选取每百万人的专利拥有量来进行比较。从表 6.3 来看，日本与美国的人均专利拥有量差距在逐渐缩小。北欧的瑞典、丹麦、荷兰和芬兰各国由于人口较少和具备较高的技术实力，人均专利拥有量较多。老牌的发达国家德国、法国、英国、德国及新兴的韩国、中国台湾地区、新加坡也处于人均专利拥有量的前列。

表 6.3　每百万人口所拥有的美国专利数量　　　　单位：项

国家（地区）	1999 年	2000 年	2001 年	2002 年	2003 年
美国	298	298	304	299	302
日本	245	246	261	274	279

续表

国家（地区）	1999 年	2000 年	2001 年	2002 年	2003 年
瑞士	178	184	198	190	183
中国台湾	168	210	240	242	236
瑞典	158	178	197	197	171
以色列	126	130	157	164	189
芬兰	126	119	141	155	166
德国	114	124	137	137	139
加拿大	106	111	116	110	110
丹麦	92	82	90	80	102
荷兰	79	78	83	86	83
韩国	77	71	75	80	83
法国	65	64	68	67	65
比利时	63	68	70	87	75
英国	61	62	67	65	61
奥地利	59	62	73	65	73
挪威	50	55	59	54	58
澳大利亚	37	37	45	44	46
新加坡	37	54	72	98	102

资料来源：根据美国专利商标局数据整理而成

我国一方面在美专利数量过少，每年基本只能维持在 1000 件左右，另一方面由于较大的人口基数，在人均专利拥有量榜单上名次靠后。

1. 被引用次数

自引次数就是同一国家间的专利互相引用的次数。从世界各国在美专利被引用次数与自引次数来看，美国无论从被引次数还是自引次数都居于世界前列。这一方面说明美国专利的总体质量较高，另一方面也反映出其国内知识继承的聚集程度。中国在引用次数排行中进入前 20 名，显示出我国专利具备一定的技术含量。从各国（地区）申请的专利的自引比例来看，除加拿大等少数几个国家（地区）以外，大多数国家（地区）的内部的专利引用现象都逐渐增多，尤以我国为代表（表 6.4）。

表6.4 2000～2002年美国专利按总被引用次数国家（地区）排序

国家（地区）	2000 年		2001 年		2002 年	
	被引用次数/次	自我引用比重/%	被引用次数/次	自我引用比重/%	被引用次数/次	自我引用比重/%
美国	248 367	76.64	143 523	75.84	47 992	75.13
日本	73 820	50.98	45 393	54.70	17 438	57.46
德国	16 049	29.17	9 967	31.14	3 538	35.92
中国台湾	12 578	33.92	8 536	36.62	3 213	45.56
加拿大	1 183	15.96	4 634	16.70	1 567	18.70
韩国	7 210	20.62	4 890	25.40	1 820	30.55
英国	6 921	14.06	4 221	15.99	1 423	16.13
法国	6 035	20.31	3 473	21.22	1 225	25.47
瑞典	3 146	13.80	1 855	17.36	712	21.77
荷兰	1 901	14.83	1 284	18.30	436	24.08
意大利	2 406	16.58	1 401	17.99	512	19.73
以色列	2 070	14.01	1 560	14.81	536	18.47
瑞士	1 763	14.80	1 051	16.84	375	24.80
芬兰	1 470	16.46	921	17.26	337	17.51
澳大利亚	1 395	15.56	979	23.70	312	25.96
比利时	1 156	17.39	611	0.33	237	31.65
新加坡	634	12.48	354	25.71	352	23.30
中国	837	11.95	660	12.88	150	28.00
奥地利	578	18.86	416	15.38	117	27.35
中国香港	461	14.53	353	15.58	133	24.81

资料来源：根据美国专利商标局数据整理而成

2. 当前影响指数和专利力量

当前影响指数能够反映出一国（地区）专利的总体质量，也能够将专利数量所反映出来的国家（地区）差异转移到专利力量的层面。当前影响指数的出现，使得利用专利数量来评价国家（地区）科技实力的指标体系也提升到专利质量的层次。

美国、以色列和新加坡当前影响指数都超过 1，也就是说这三个国家的专利平均被引用次数超过了平均水平。从表 6.5 中的数据来看，2002 年新加坡的专利数量为 410 项，而澳大利亚为 859 项，但是由于影响指数的区别，新加坡的专利力量超过澳大利亚，从一个侧面反映

出新加坡的技术实力。加拿大和韩国 2003 年的数据也体现出相似的
特点。

表 6.5　2002～2003 年美国专利按当前影响指数和专利力量国家（地区）排序

国家（地区）	2002 年			2003 年		
	专利数/项	当前影响指数	专利力量	专利数/项	当前影响指数	专利力量
美国	86 972	1.16	100 740	87 901	1.18	103 528
日本	34 859	0.91	31 856	35 517	0.89	31 625
德国	11 280	0.62	6 939	11 444	0.61	6 990
中国台湾	5 431	1.00	5 433	5 298	0.88	4 676
韩国	3 786	0.82	3 106	3 944	0.79	3 108
加拿大	3 431	0.88	3 028	3 426	0.92	3 151
英国	3 837	0.74	2 833	3 627	0.76	2 742
法国	4 035	0.64	2 569	3 869	0.61	2 363
瑞典	1 675	0.76	1 274	1 521	0.80	1 218
以色列	1 040	1.08	1 121	1 193	1.15	1 374
意大利	1 750	0.55	959	1 722	0.54	922
荷兰	1 391	0.66	923	1 325	0.66	880
瑞士	1 364	0.57	772	1 308	0.54	705
芬兰	809	0.94	759	865	0.91	784
新加坡	410	1.64	672	427	1.48	631
澳大利亚	859	0.78	666	900	0.77	696

资料来源：根据美国专利商标局数据整理而成

3. 科学关联性

专利与科学文献的关联性能够反映出科学与技术之间的密切关系。
一项专利如果引用较多的科学文献，则说明这项专利可能具备较高的知
识含量。如果一个国家（地区）所拥有的专利具备较高的科学关联性，
则说明这个国家（地区）科学与技术之间的关系比较紧密。表 6.6 反映出
美国、加拿大和以色列拥有超过 4 篇的文献引用，而我国也有平均 1 篇
的引用量。

表6.6　主要国家（地区）在美国专利的平均文献引用数量　　单位：篇

国家（地区）	2002 年	2003 年
美国	4.46	4.62
日本	0.99	1.08
德国	1.47	1.65
中国台湾	0.21	0.24
加拿大	4.12	4.85
韩国	0.76	0.86
英国	3.20	3.59
法国	2.11	2.40
瑞典	2.30	2.70
荷兰	1.74	1.75
意大利	1.49	1.71
以色列	4.09	4.51
瑞士	2.47	2.72
芬兰	2.36	2.47
澳大利亚	3.33	3.16
新加坡	1.35	2.36
中国	1.39	0.96

资料来源：根据美国专利商标局数据整理而成

　　从几个表格的数据来看，美国、日本等发达国家在专利所代表的技术能力上表现优异；传统的强国如德国、英国、意大利等有良好的表现；而以中国台湾地区和韩国为代表的新兴国家（地区）体现出了飞速发展的趋势；发展中国家中中国也逐渐崛起，显示出一个强国的后发竞争优势。

　　4. 在美专利分领域计量分析

　　从表6.7可以看出，发展中国家在美专利数量较少，许多年份数据缺失。即便如此，还是能从中找到有价值的信息。就我国的情况来看，在所拥有的专利中，信息方面的技术所受到的重视还是能清晰体现出来的，说明虽然我国在外专利数量较少，但是信息技术专利还是具有一定的技术领先优势。

表 6.7　1982~1996 年分年度、分行业、分地区美国专利商标局所授予专利的 CII

国家（地区）	先进材料 1982~1986 年	先进材料 1987~1991 年	先进材料 1992~1996 年	汽车 1982~1986 年	汽车 1987~1991 年	汽车 1992~1996 年	保健 1982~1986 年	保健 1987~1991 年	保健 1992~1996 年	信息技术 1982~1986 年	信息技术 1987~1991 年	信息技术 1992~1996 年	总计 1982~1986 年	总计 1987~1991 年	总计 1992~1996 年
奥地利			0.41	0.47	0.79	0.66	0.70	0.74	0.57	1.30	1.39	1.23	0.65	0.68	0.71
巴西						0.73			0.68			0.68	0.54	0.52	0.54
中国			1.00			0.78		0.78	0.61		1.03	1.32		0.78	0.68
欧盟	1.16	1.37		0.91	1.11	0.91	0.77	0.68	0.60	1.32	1.17	1.06			
德国	1.34	1.46	1.13	1.05	1.30	1.04	0.72	0.70	0.59	0.84	1.08	0.91	0.86	0.78	0.69
中国香港									0.14			1.85		0.99	0.96
印度								0.31	0.52			1.94		0.45	0.70
爱尔兰					1.28	0.63	1.18	0.90	1.47	1.76	1.31	1.44	0.74	0.90	1.00
以色列		1.75	1.05			0.66	1.01	0.77	0.58	1.76	1.65	1.76	0.88	0.91	0.95
日本	1.69	1.59	1.07	1.55	1.73	1.20		0.72	0.54	1.83	1.63	1.37	1.27	1.23	1.06
马来西亚														0.98	0.64
新加坡												1.79		0.73	1.16
韩国			0.91		1.05	1.59		0.77	1.31		1.31	1.40	0.57	0.71	0.88
中国台湾			0.76	0.72	1.23		0.91	1.00	0.52	1.36	1.68	1.75	0.68	0.80	0.95
英国	1.23	1.83	1.07	0.92	1.04	0.83	1.06	0.90	0.70	1.85	1.34	1.25	0.93	0.88	0.78
美国	1.63	1.75	1.26	1.05	1.09	1.19	1.00	1.00	0.91	1.76	1.71	1.82	1.02	1.03	1.10
合计	1.60	1.64	1.15	1.00	1.31	1.13	1.00	0.90	0.80	1.76	1.60	1.55			

资料来源：Albert M B.1998. The new innovators: global patenting trends in five sectors. U.S. Department of Commerce Office of Technology Policy

注：空白部分没有数据

另外，从所列国家（地区）中可以看出，美国、日本（欧盟数据未获得）所拥有专利的质量明显高于其他国家（地区），这既反映了其技术创新能力的先进性，也能够反映出其专利制度建设的相对完善。

在表 6.7 数据的基础上，我们可以利用各国（地区）专利数量指标来计算技术力量的国家差别。在表 6.8 中，我们可以清晰地看到由质量的差别所导致的国家（地区）技术力量的差别，而这是简单的数量计算所不能反映出的。

在当前影响指数和专利力量的排行榜上，中国甚至无法排进前 15 名。由于美国专利商标局一直被认为是世界上最权威的专利机构之一，美国所授予的专利也被认为是衡量世界各国（地区）技术力量的重要指标之一，表 6.8 反映出的信息无疑可以更直接地体现出世界各国（地区）的技术实力，也能直接反衬出我国在基于专利的国际竞争中的弱势地位。联想到我国所面临的种种来自国外的专利诉讼和争端，提升我国专利质量、增强国际竞争力的议题就必须被提上议事日程。

6.3　高被引专利技术特征的计量分析

美国专利商标局是全世界最为知名的国家专利机构，每年都会受理数以百万计的专利申请（Trajtenberg and Jaffe，2001）。与申请某些国家（地区）的专利不同的是，申请美国专利必须提供在技术研发和专利申请过程中对所参考的以往专利的记录，也就是说要提供"参考文献"，而此"参考文献"的意义不同于一般意义上的科学文献，包括专利文献和科学文献两大类，继续细化则分为引用美国专利、引用其他国专利、引用科学文献三个层面。相应地，引用过程中就产生引用其他专利的专利和被其他专利引用的专利，那些被引用较多的专利往往被视为关键技术或基础技术，因为它能够通过被引用过程衍生出较为深远和广泛的技术溢出，能够为其他技术的产生奠定坚实的基础。经济学家则认为高被引专利往往具备较高的经济价值，会给企业带来可观的经济效益和市场竞争力（Hall et al.，2000）。对高被引专利进行分析，可以辨识出较为基础和关键的技术（Karki，1997），也能够对某一技术的发展历程和趋势进行勾

表 6.8　专利数量指标与技术力量指标比较

国家 (地区)	先进材料			汽车			保健			信息技术			总计		
	1982~ 1986年	1987~ 1991年	1992~ 1996年	1982~ 1986年	1987~ 1991年	1992~ 1996年	1982~ 1986年	1987~ 1991年	1992~ 1996年	1982~ 1986年	1987~ 1991年	1992~ 1996年	1982~ 1986年	1987~ 1991年	1992~ 1996年
奥地利	2	12	15	25	54	63	38	92	178	37	70	80	1 523	2 201	2 174
				12	43	43	27	68	101	48	97	98	994	1 505	1 530
巴西	2	2	1	3	9	12	2	2	14	0	3	6	123	207	285
	2					9			10				66	109	154
中国	0	2	1	0	10	7	1	16	38	2	21	36	16	230	288
	2		4			5		12	23		22	48		179	197
欧盟	273	676	894	1 891	2 595	2 580	3 086	4 798	5 622	3 373	5 388	5 409	67 721	87 419	79 972
	317	926	894	1 721	2 880	2 348	2 376	3 263	3 873	4 452	6 304	5 734			
德国	147	374	464	1 046	1 579	1 697	1 001	1 523	1 617	1 304	1 937	1 712	30 843	38 861	34 097
	197	546	524	1 098	2 053	1 765	721	1 066	954	1 682	2 092	1 228	26 457	30 231	23 550
中国香港	0	1	1	1	2	3	1	4	12	7	7	26	118	236	372
									2	6		48		233	357
印度	0	2	6	0	0	3	11	15	57	1	4	41	59	85	166
	2							5	30			80		38	116
爱尔兰	0	0	2	3	9	7	6	28	28	11	30	75	127	256	289
	0							25	11		39	108	94	231	288
以色列	3	15	21	5	16	12	56	135	211	53	102	258	774	1 426	1 872
		28	22		20	8	66	104	122	93	168	454	685	1 291	1 772
日本	463	1 329	1 862	2 058	3 754	3 217	1 497	2 510	3 008	7 012	16 208	25 015	54 053	93 451	110 124
	782	2 113	1 992	3 190	6 494	3 860	1 512	1 807	1 624	12 832	26 419	34 271	68 799	115 377	117 265

续表

国家（地区）	先进材料 1982~1986年	1987~1991年	1992~1996年	汽车 1982~1986年	1987~1991年	1992~1996年	保健 1982~1986年	1987~1991年	1992~1996年	信息技术 1982~1986年	1987~1991年	1992~1996年	总计 1982~1986年	1987~1991年	1992~1996年
马来西亚	0	0	0	1	0	0	0	0	2	2	4	10	13	23	50
															32
新加坡	0	2	3	1	0	0	0	0	3	1	8	82	26	65	263
												147		48	306
韩国	1	3	57	2	27	72	4	12	74	4	224	1 629	157	968	4 912
			52		28	45			97		293	2 281	90	685	4 332
中国台湾	1	9	45	15	109	204	4	8	34	12	113	1 007	640	3 040	7 156
			34		134	324			18	19	190	1 762	437	2 426	6 813
英国	49	107	166	299	308	236	820	1 194	1 271	575	921	982	11 302	14 073	11 926
	69	196	178	215	320	196	746	919	890	782	1 234	1 228	10 463	12 328	9 354
美国	741	1 761	2 764	2 897	4 273	5 671	5 477	9 339	13 457	13 202	20 224	32 852	182 462	232 533	279 801
	1 208	3 082	3 483	2 665	4 658	6 748	5 805	9 339	12 246	24 424	34 583	59 791	185 730	240 311	308 003
合计	1 548	4 075	6 054	7 304	11 428	12 209	10 863	17 799	23 595	23 977	42 548	65 583	324 426	443 322	508 603
	2 234	5 838	5 978	7 227	14 151	13 148	8 805	13 038	15 328	41 409	67 101	10 0581			

资料来源：Albert M B.1998. The new innovators: global patenting trends in five sectors. U.S. Department of Commerce Office of Technology Policy，以及在此基础上进行计算。

注：对应各个国家（地区）第一行数据为专利数量（单位：项），第二行数据为技术力量指标。空白部分没有数据

画，同时通过对专利持有人的确认，可以对特定技术领域的竞争态势加以描绘（Banerjee，2000）。

事实上，国家或者企业在美国所拥有的专利数量被公认为能够代表国家或者企业的技术发展水平，而拥有更多高被引专利的国家和企业则昭示着具备更高的技术发展水平和国际竞争力（黄慕萱等，2003）。因此，对高被引专利的计量分析也有助于对国际技术竞争格局有更为清楚的认识。

美国国家经济研究局于 1999 年发布了自 1963 年以来的专利引用统计数据，这个基于美国专利全文数据库的整合数据库对专利的被引用次数进行了排序。本节通过对 1999 年被引频次排在前 500 位的专利进行重新检索分析，再次确认了高被引专利的新排序并提炼出截至 2006 年 12 月 31 日的排名，从中遴选出排在前 10 位的高被引专利进行多角度的深入分析。

6.3.1　10 个高被引专利的基本数据

从数据库所提炼出的 10 个专利皆是以 4 开头的 7 位专利号码，根据美国专利商标局的专利号排列原则，这 10 个专利提出申请及授予的时间段较为集中，申请时间排列在 1980~1986 年，不到 7 年的时间里，授予时间则排列在 1982~1988 年，也是不到 7 年的时间里。这既反映出这 10 个高被引专利在时间上的聚集性，也反映出美国专利商标局的高效率。因为根据我国专利法规定，专利从提出申请到最后决定是否授予大概需要 3 年甚至更长的时间，而日本则动辄会有 5 年以上的专利审查时间。

1. 被引频次

从表 6.9 可知，在这 10 个专利中，专利号为 US4723129 的喷墨技术专利拥有最多的被引频次，达到 1849 次，与之主题基本类似的一个专利 US4740796 的被引频次达到了 1558 次，其他几个高被引专利 US4463359、US4558333、US4345262、US4313124、US4459600 也都是与喷墨技术相关的专利。另外 2 个相关的专利是生物技术领域的核酸复制技术——US4683202 和 US4683195。10 个专利中的最后一个则是一项医疗技术专利，是一种应用于"介入心脏病学"外科手术的支架技术。

表 6.9　10 个高被引专利的被引频次

专利号	专利名称	被引用次数/次
US4723129	起泡喷射记录方法和设备（其中有一个加热的元器件在液体流程中产生泡沫以喷射液珠）	1849
US4683202	扩增核酸序列组的过程	1683
US4463359	液珠产生的方法与设备	1617
US4683195	扩增、检测和（或者）克隆核酸序列组的过程	1572
US4740796	起泡喷射记录方法和设备（其中有一个加热的元器件在多重液体流程中产生泡沫以喷射液珠）	1558
US4558333	液体喷射记录磁头	1507
US4345262	墨水喷射记录方法	1479
US4313124	液体喷射记录过程和液体喷射记录磁头	1446
US4459600	墨水喷射记录设备	1411
US4733665	可扩展腔内移植方法和设备	1098

从统计结果来看，这 10 个高被引的专利的被引频次正好都超过了 1000 次，而处于第 11 位的高被引专利则恰好只有 900 多次的被引量。第 11 项 US5103459 专利是一项有关 CDMA 技术的通信专利，申请年代也发展到 1992 年，这可能预示着下一波高被引的专利会来自 20 世纪 90 年代之后，而通信技术则会成为新的高被引领域。

2. 历史排序与即时排序

由表 6.10 可以看出，10 个高被引专利的排位不是一成不变的，US4683202 专利从 1999 年的第 9 位一跃成为 2006 年的第 2 位，而 US4733665 专利则从 1999 年的 13 位跃入 2006 年的前 10 位的序列。从技术领域来看，除 US4723129 专利把持第 1 之外，其他喷墨技术相关专利略有不同程度的下降；2 核酸技术相关的专利排位则体现出上升趋势。

表 6.10　10 个高被引专利的排序变迁

专利号	1999 年被引次数/次	2006 年被引次数/次	1999 年排序	排序变化	2006 年排序
US4723129	779	1849	1	0	1
US4683202	605	1683	9	+7	2

续表

专利号	1999 年被引次数/次	2006 年被引次数/次	1999 年排序	排序变化	2006 年排序
US4463359	716	1617	2	−1	3
US4683195	631	1572	7	+3	4
US4740796	678	1558	3	−2	5
US4558333	654	1507	5	−1	6
US4345262	658	1479	4	−3	7
US4313124	633	1446	6	0	8
US4459600	613	1411	8	−1	9
US4733665	360	1098	13	+3	10

3. 国家（地区）分布

毫无疑问，美国和日本是世界上技术实力最强的两个国家，巧合的是 10 个高被引专利也来自这两个国家（表 6.11），其中日本占据了 7 席，而美国占据了 3 席。从专利权人的分布来看，日本佳能公司掌控了 7 个有关喷墨技术的专利；美国塞图斯公司（Cetus Corporation）则握有 2 个核酸技术专利，剩下的 1 个外科手术专利则被美国可扩展移植（Expandable Grafts Partnership）公司所拥有。佳能公司是世界知名的从事复印机、打印机、数码相机等设备研发和生产的公司；塞图斯公司则较早地进行了核酸技术的研发，此公司现在已经不存在，其所拥有的不少技术都转让给了霍夫曼（Hoffmann-La Roche）公司，使得后者成为聚合酶链反应（polymerase chain reaction，PCR）技术的佼佼者；而可扩展移植公司则是一家为 US4733665 专利专门成立的三方合伙公司，合伙人包括专利的发明人帕尔玛斯（Julio C. Palmaz），后来可扩展移植公司将此项技术卖给了强生公司，更是掀起了强生与波士顿科学等众多大公司在此技术领域的强强对抗。

表 6.11　10 个高被引专利所属国家分布

专利号	发明人	发明人所属国家	专利权人	专利权人所属国家
US4723129	Endo Ichiro；Sato Yasushi；Saito Seiji；Nakagiri Takashi；Ohno Shigeru	日本	Canon Kabushiki Kaisha	日本
US4683202	Mullis Kary B.	美国	Cetus Corporation	美国
US4463359	Ayata Naoki；Shirato Yoshiaki；Takatori Yasushi；Seki Mitsuaki	日本	Canon Kabushiki Kaisha	日本

续表

专利号	发明人	发明人所属国家	专利权人	专利权人所属国家
US4683195	Mullis Kary B.；Erlich Henry A.；Arnheim Norman；Horn Glenn T.；Saiki Randall K.；Scharf Stephen J.	美国	Cetus Corporation	美国
US4740796	Endo Ichiro；Sato Yasushi；Saito Seiji；Nakagiri Takashi；Ohno Shigeru	日本	Canon Kabushiki Kaisha	日本
US4558333	Sugitani Hiroshi；Matsuda Hiroto；Ikeda Masami	日本	Canon Kabushiki Kaisha	日本
US4345262	Shirato Yoshiaki；Takatori Yasushi；Hara Toshitami；Nishimura Yukuo；Takahashi Michiko	日本	Canon Kabushiki Kaisha	日本
US4313124	Hara Toshitami	日本	Canon Kabushiki Kaisha	日本
US4459600	Sato Yasushi；Takatori Yasushi；Hara Toshitami；Shirato Yoshiaki	日本	Canon Kabushiki Kaisha	日本
US4733665	Julio C. Palmaz	美国	Expandable Grafts Partnership	美国

4. 其他自然状况

如表 6.12 所示，从 IPC 分类来看，专利 US4733665 归属于 A61F（可植入血管内的滤器）、A61M（将介质输入人体内或输到人体上的器械）；核酸技术专利分属于 C12N（微生物或酶；其组合物；繁殖，保藏或维持微生物；变异或遗传工程；培养基）、C07H（糖类；及其衍生物；核苷；核苷酸；核酸）等分类；喷墨技术专利分属于 B41J（打字机）、G01D（非专用于特定变量的测量；不包括在其他单独小类中的测量两个或多个变量的装置）等 IPC 分类。

表 6.12　10 个高被引专利的其他自然状况

专利号	IPC 分类	引用其他美国专利数量/个	引用其他国家专利数量/个	引用科学文献数量/个	权利要求数量/项
US4723129	B41J、G01D	14		1	9
US4683202	C12Q、C12P、C12N、G01N、C07H			3	21
US4463359	B41J、G01D、H04N	9	德国 3，英国 1		51
US4683195	C12Q、C12P、C12N、G01N、C07H	1		5	26

续表

专利号	IPC 分类	引用其他美国专利数量/个	引用其他国家专利数量/个	引用科学文献数量/个	权利要求数量/项
US4740796	B41J、G01D	16		1	10
US4558333	B41J、G01D	6			14
US4345262	B41J、G01D	3	德国 1		15
US4313124	B41J、G01D	2			7
US4459600	B41J、G01D	6			2
US4733665	A61F、A61M	24	西班牙 1，英国 1	8	28

10 个专利中，US4733665 专利拥有最多的后向引用（即引用其他专利），它引用了 24 个美国专利和 2 个外国专利，并引用 8 个科学文献；US4683195 专利引用了 5 个科学文献；US4683202 专利引用了 3 个科学文献；而喷墨技术的专利则甚少引用科学文献。这从一个侧面反映出不同技术领域间科学研究与技术开发关系的差别。

US4463359 专利提出了 51 项权利要求，而 US4459600 则只有 2 项，一般认为权利要求的数量会反映出专利对法律保护要求的强度。尤其值得一提的是，应用于外科手术的 US4733665 专利被美国政府实施了强制许可令，也就是说，作为一项公益性极强的专利，无论专利权人是否愿意，在涉及民众利益的时候，国家都可以有偿强制征用，这也能反映出这项专利技术巨大的现实价值。

5. 引用频次的时间分布

从表 6.13 中可以看出，不同的专利达到被引用峰值的时间也略有差别，其中较早申请的专利达到被引峰值的时间较长，而较晚申请的专利达到被引峰值的时间较短。综合来看，专利被引用的过程是随时间不均匀分布的，每一个专利都存在着一个从低到高再衰减的过程，这也符合技术的生存周期。一项技术往往会随着时间的发展而慢慢落伍从而被其他技术所替代，相应地，被引用的机会也相对减少直至无人问津。不排除有的专利在失效之后还会获得较高的引用次数，尽管这样的专利少之又少。

表 6.13　高被引专利被引峰值统计

专利号	申请日	授予日	被引用峰值/个	出现年份	与申请年时间差/年
US4345262	1980 年 2 月 7 日	1982 年 8 月 17 日	192	1997	17
US4463359	1980 年 3 月 24 日	1984 年 7 月 31 日	205	1995	15
US4313124	1980 年 5 月 13 日	1982 年 1 月 26 日	186	1997	17
US4459600	1981 年 11 月 25 日	1984 年 7 月 10 日	190	1995	14
US4558333	1982 年 7 月 2 日	1985 年 12 月 10 日	205	1997	12
US4683202	1985 年 10 月 25 日	1987 年 7 月 28 日	216	1995	10
US4733665	1985 年 11 月 7 日	1988 年 3 月 29 日	126	2001	13
US4723129	1986 年 2 月 6 日	1988 年 2 月 2 日	229	1995	9
US4740796	1986 年 2 月 6 日	1988 年 4 月 26 日	207	1995	9
US4683195	1986 年 2 月 7 日	1987 年 7 月 28 日	229	1995	9

图 6.14 中反映出的一个有趣的现象是，与喷墨技术相关的几个专利被引频次随时间变化的波形竟然也较为近似，推测应该是这些专利存在着大规模被共同引用的规律。核酸技术专利也是如此，只不过峰值波形略有不同，但大体波形一致。

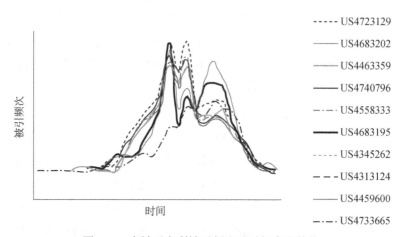

图 6.14　高被引专利被引频次随时间变化趋势

另一个值得注意的现象是 1995 年达到被引峰值的专利竟然有 6 个之多，而事实上被引峰值的出现也都在 1995 年之后。回顾一下美国专利制度发展的历史可以推测，峰值的图集中出现应该与 1995 年前后美

国专利制度的改革有关。美国国会于 1994 年通过乌拉圭回合协议法案
（Uruguay Round Agreements Act，URAA），批准了协议。克林顿于 1994
年 12 月签署该法案，该法案于 1995 年 6 月 8 日生效。 为了履行美国所
承担的国际义务，根据与贸易有关的知识产权协议（Agreement on Trade-
related Aspects of Intellectual Property Rights，TRIPS）的要求，美国专利
法做了以下几个方面的修改：①扩大了专利侵权行为的范围，包括许诺
销售侵权行为和进口侵权行为；②在确定专利申请的发明日时，承认在美
国国外世界贸易组织成员方所进行的发明活动；③将专利的保护期限延长
至 20 年，由专利申请日算起；④创设了临时申请制度，类似于国内优先
权制度。上述举措引起了美国专利申请的新高潮，按照概率来说被引峰
值出现在 1995 年及以后也就是顺理成章的事情了。

6. 共被引分析

为验证前文推测的专利共被引现象，利用 Pajek 软件绘制了两组专利
技术的共被引网络。图 6.15 所揭示的是以 US4740796、US4723129、
US4558333、US4345262、US4313124、US4459600、US4463359 这 7 个
佳能公司所拥有的喷墨技术相关专利为中心所形成的共被引网络。居于
中间的 7 个点是这 7 个关键专利，而其周围的一圈专利则是共同引用了
这 7 个专利的专利族群，最外圈的一圈专利则只与这 7 个专利中的某一
个形成了引用关系，介于外圈和内圈的专利与这 7 个专利的引用关系处于
（1，7）。事实上，虽然这 7 个专利平均每个都有超过 1000 次的被引频次，
形成的引用关系以万计，不过统计结果告诉我们若以专利数量来计算，相
关的专利数量不超过 2500 个，也就是说共被引现象是显著存在的。

如图 6.16 所示，由于只有两个关键专利，核酸技术相关专利的共被
引现象更为清晰可见，中间两个连接点就是这两个关键专利，所形成的
这三个专利群中，中间一群与这两个专利都存在引用关系，而两头的这
两群各与一个专利相关。

6.3.2　三类专利技术回顾与讨论

1. 可扩展腔内移植方法和设备

1985 年，心脏病专家理查德·沙茨（Richard Schatz）结识了阿根廷
医生朱里奥·帕尔玛斯，帕尔玛斯拥有一项技术可以用小金属管将兔子

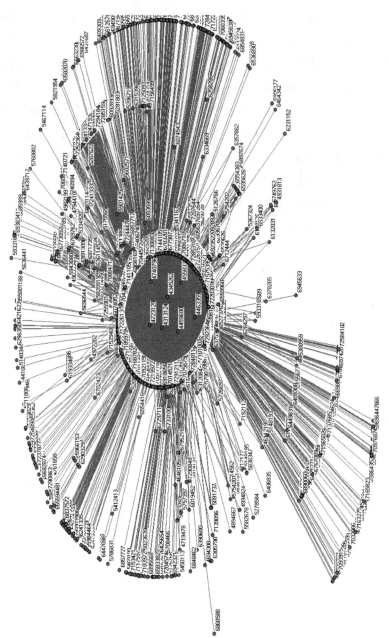

图 6.15　喷墨技术相关专利的共被引网络

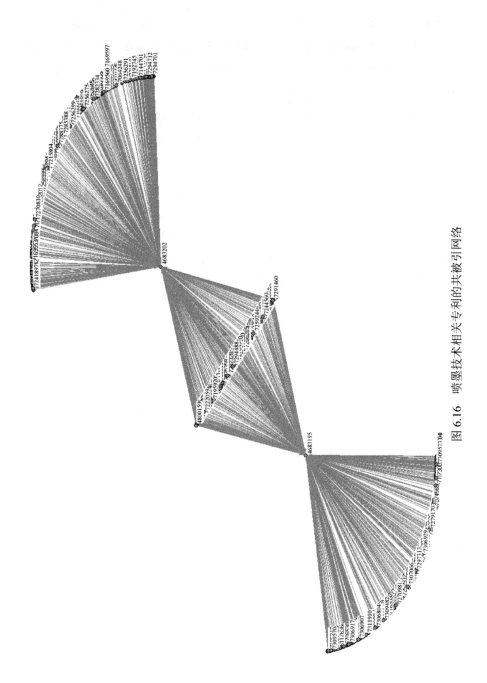

图 6.16　喷墨技术相关专利的共被引网络

血管撑开。后来，沙茨找到了投资人——菲尔·罗马诺（Phil Romano）。一家名为 Expandable Graft Partnership 的三方合伙企业成立了。帕尔玛斯和沙茨继续在兔、狗身上检验他们的发明。动物实验成功后，他们就申请了最广泛的专利，范围涵盖各类可伸展气囊支架。1986 年，罗马诺、沙茨和帕尔玛斯开始拣选医疗公司，准备出售这项技术的使用许可，备选的企业有强生公司和波士顿科学。为了得到这项技术的使用许可，强生向三位合伙人支付了 1000 万美元，并答应给他们可观的专利权使用费。1998 年，强生最终买下了全部帕尔玛斯-沙茨专利权，共支付了 5 亿美元。现在这项技术的市值大约在 45 亿美元，非常可观。这项技术的现实意义并不仅仅在于给专利权人带来了经济收益，而是引领了介入性治疗技术的发展方向。在强生和波士顿科学两大公司竞争的过程中，新的技术发明层出不穷，极大地促进了心脏外科医疗技术水平的提高。

2. 复制脱氧核糖核酸分子的新方法

Cetus 公司员工凯瑞·穆里斯（Kary Mullis）专门负责发明复制脱氧核糖核酸分子的新方法。研究中他发现可以不用细菌进行克隆的方法，而用一种名叫 DNA 多聚酶的生物酶来复制脱氧核糖核酸——细菌就是利用这种酶来复制自身脱氧核糖核酸的。他发明的方法叫作多聚酶链式反应，简称 PCR，这种方法使科学家可在试管中利用多聚酶这种生物酶来放大所研究的脱氧核糖核酸序列。通过多聚酶链式反应脱氧核糖核酸每合成一次，其数量就会增加一倍，因而会产生数量巨大的脱氧核糖核酸序列。这种技术使研究者可以按一定序列大量复制所需脱氧核糖核酸。

1987 年 7 月 Cetus 公司在美国获得 PCR 基本技术专利批准，并在这一年的 11 月推出了第一个 PCR 试剂产品及第一台热循环仪。1989 年 *Science* 报道了耐热性 DNA 多聚酶 Taq 酶的发现，预示着分子时代的到来。1993，Kary Mullis 因 PCR 的发明获得诺贝尔化学奖。可以说此项技术发明是 20 世纪 80 年代分子生物学领域中的一项革命性突破，已在分子生物学、医学、法学等领域发挥了极大的作用。

3. 热喷墨技术

按佳能公司的说法，当年 Ichiro Endo（现任公司产品开发部主管）由于偶然的机会发现了墨水受热喷出的现象，从而研究出了喷墨技术的基本原理。因此，佳能自称是喷墨打印机的发明者，而惠普公司则称是本公司发明了这项技术。目前惠普以 56%的市场份额统治喷墨打印机市场，佳能则以 22%屈居第二，不过佳能所拥有的喷墨打印技术的专利数要多于惠普。

热喷墨打印技术是 20 世纪的伟大发明之一，也是宽幅彩色喷墨打印机所采用的主要打印技术。热喷墨打印使用了一种很小的电阻来迅速加热墨水，将喷头管道中的部分液体汽化后形成一个气泡，并将喷嘴处的墨水压出，输出到介质表面，形成图案或字符。由于热喷墨技术产生于 80 年代，技术十分成熟，成本较低，从一定程度上降低了宽幅喷打的整体成本，所以在宽幅喷打领域中应用广泛。

采用热喷墨打印技术的产品比较多，主要有佳能和惠普的产品。仅在几年前，激光打印似乎还代表着未来的方向，然而佳能和惠普的一系列技术却将原本机身笨重、打印粗糙的喷墨打印机变成了轻巧、廉价和高质量的大众化彩色打印机。根据这种发展趋势，佳能将开发重点放在了最新的喷墨技术上。

6.3.3　结论与展望

回顾三类专利技术的发展历史可以看出，10 个高被引专利都可以被称为具有里程碑式意义的专利，都开创了一个新的技术时代。高被引专利之所以能获得较多的引用次数，是因为其中蕴含着先进的甚至共性的技术知识，值得后续的专利借鉴参考，也引领了技术发展的方向（Narin，1994）。

按照时间序列，US4345262 专利提出了墨水喷射记录方法，为解决其中的液珠问题，US4463359 专利提供了液珠产生的方法与设备，之后 US4313124 专利设计了液体喷射记录磁头，US4459600 专利设计了墨水喷射记录设备，US4558333 专利升级了液体喷射记录磁头，US4723129 专利新开发了起泡喷射记录方法和设备（其中有一个加热的元器件在液体流程中产生泡沫以喷射液珠），US4740796 专利则进一步深化了起泡喷射记录方法和设备（其中有一个加热的元器件在多重液体流程中产生泡沫以喷射液珠）。US4683202 专利仅仅是研究扩增核酸序列组的过程，而

US4683195 专利则是研究扩增、检测和（或者）克隆核酸序列组的过程，丰富了这一研究的内涵。

通过本节的研究我们并不能直接得出结论来证明如何获得一项高被引的专利技术，这属于前专利阶段，需要研发工作人员通过极为复杂的创新活动才能够达到目标，且具有一定的偶然性。另外，也没有一个专利申请的初衷是为了获得较高的被引频次，因为专利申请的目的在于获益。但是，通过对高被引专利的分析能够揭示出后专利阶段专利技术的扩散与共享，可以利用本节所揭示的规律辨别和确认本领域的基础专利和关键专利，为进一步的研发和专利获取提供理论和实践参考。

参考文献

黄慕萱，陈达仁，张瀚文. 2003. 从专利计量的观点评估国家科技竞争力. 中国图书馆学会会报，（70）：18-30.

刘则渊，胡志刚，王贤文. 2010. 30 年中国科学学历程的知识图谱展现. 科学学与科学技术管理，31（5）：17-23.

罗科 M C，班布里奇 W S. 2010. 聚合四大科技，提高人类能力. 蔡曙山，等译. 北京：清华大学出版社.

赵红州，蒋国华. 1984. 知识单元与指数规律. 科学学与科学技术管理，（9）：39-41.

Banerjee P，Gupta B M，Garg K C. 2000. Patent statistics as indicators of competition: An analysis of patenting in biotechnology. Scientometrics，47（1）：95-116.

Bronwyn H H, Adam B J, Trajtenberg M. 2001. The NBER patent citations data file: lessons, insights and methodological tools[EB/OL]. http://www.nber.org/papers/w8498 ［2008-04-27］.

Chen C M，Ibekwe-SanJuan F，Hou J H. 2010. The structure and dynamics of co-citation clusters: A multiple-perspective co-citation analysis. Journal of the American Society for Information Science and Technology，61（7）：1386-1409.

Hall B H, Jaffe A, Trajtenberg M. 2000. Market value and patent citations: a first look[R]. NBER Working Paper, No.w7741.

Karki M M S. 1997. Patent citation analysis：A policy analysis tool. World Patent Information，33（4）：269-272.

Narin F. 1994. Patent bibliometrics. Scientometrics，30（1）：147-155.

Narin F. 1995. Patents as indicators for the evaluation of industrial research output. Scientometrics，34（3）：489-496.

Price D J D. 1965. Networks of scientific papers. Science，149（3683）：510-515.

Trajtenberg M，Henderson R，Jaffe A. 1997. University versus corporate patents：A window on the basicness of invention. Economics of Innovation and New Technology，55（1）：19-50.

Trajtenberg M，Jaffe A. 2001. The NBER patent citations data file：Lessons，insights and method -logical tools [EB /OL]. http://www. nber. org/papers/w8498〔2011-10-31〕.

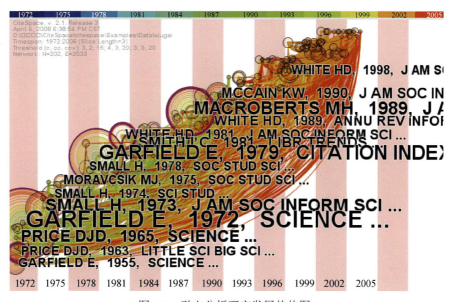

图 1.5　引文分析研究发展趋势图

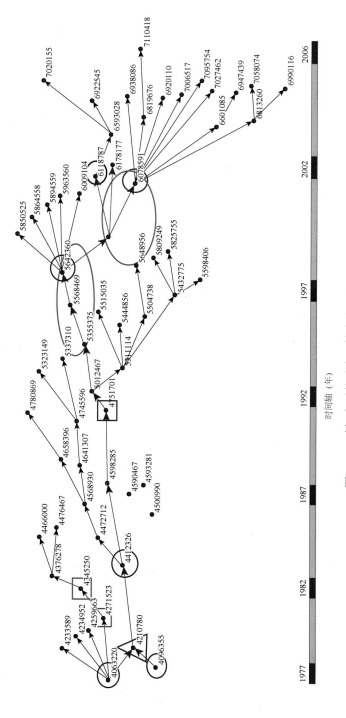

图 5.15 时间序列的以太网技术演进轨迹

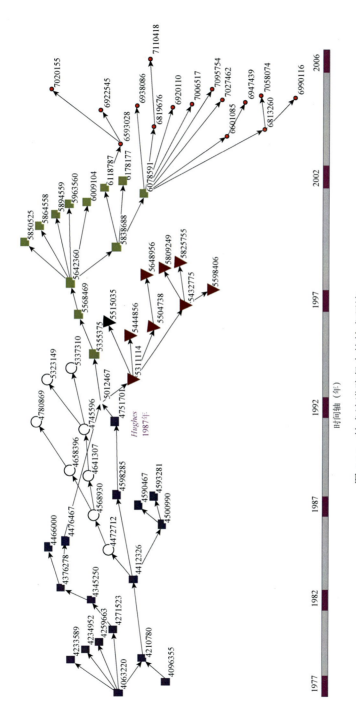

图 5.16 技术演进路径中的技术环境